高压水射流
超细粉碎理论与技术

Theory and Technology of Ultra-fine High-Pressure Water Jet Comminution

宫伟力　王炯　杨军　著

北京
冶金工业出版社
2014

内 容 提 要

本书系统地介绍了高压水射流超细粉碎的理论、技术与实际应用，包括水射流粉碎技术的现状、湍射流结构红外热成像实验、自激振动磨料水射流超细粉碎的原理、自激振动磨料射流喷头的结构设计、水射流粉碎系统与工艺、自振式水射流粉碎机结构参数的实验优化方法，以及水射流超细、超微粉碎技术在制备永磁铁氧体超细粉体、珠光云母粉和精细水煤浆等方面的应用。自激振动射流是水射流超细粉碎的关键技术，其中亥姆霍兹谐振器是用于产生射流自激振动的基础性元件，书中介绍了其谐振频率、自激振动模型的理论分析方法，以期为水射流粉碎机的设计提供理论参考。

本书可作为高等院校选矿、材料、流体力学等专业研究生和高年级本科生的参考教材，也可供从事超细及超微粉体制备技术、选矿技术和高压水射流技术等研究的科研人员参考。

图书在版编目(CIP)数据

高压水射流超细粉碎理论与技术／宫伟力，王炯，杨军著．—北京：冶金工业出版社，2014.9

ISBN 978-7-5024-6658-9

Ⅰ.①高…　Ⅱ.①宫…　②王…　③杨…　Ⅲ.①水射流破碎—研究　Ⅳ.①TD231.62

中国版本图书馆 CIP 数据核字(2014)第 212142 号

出 版 人　谭学余
地　　址　北京市东城区嵩祝院北巷 39 号　邮编　100009　电话　(010)64027926
网　　址　www.cnmip.com.cn　电子信箱　yjcbs@cnmip.com.cn
责任编辑　张耀辉　美术编辑　杨　帆　版式设计　孙跃红
责任校对　郑　娟　责任印制　李玉山
ISBN 978-7-5024-6658-9
冶金工业出版社出版发行；各地新华书店经销；北京佳诚信缘彩印有限公司印刷
2014 年 9 月第 1 版，2014 年 9 月第 1 次印刷
169mm×239mm；9 印张；173 千字；133 页
35.00 元

冶金工业出版社　投稿电话　(010)64027932　投稿信箱　tougao@cnmip.com.cn
冶金工业出版社营销中心　电话　(010)64044283　传真　(010)64027893
冶金书店　地址　北京市东四西大街 46 号(100010)　电话　(010)65289081(兼传真)
冶金工业出版社天猫旗舰店　yjgy.tmall.com
(本书如有印装质量问题，本社营销中心负责退换)

中的应用。第6章介绍了水射流超细、纳米粉碎技术在制备精细水煤浆中的应用。第7章介绍了亥姆霍兹谐振器的自振频率与数学模型的理论研究，以期为自振式水射流粉碎机的定量与优化设计提供参考。

众所周知，一项有意义的科研成果，绝非仅靠个人力量所能完成。在本书成稿之际，作者要特别感谢安里千教授（本书第一作者的博士后合作导师，时任中国矿业大学（北京）副校长），感谢其支持创建了高压水射流实验室，以及在水射流制备精细水煤浆研究过程中给予的学术指导。同时，感谢北京科技大学的方湄教授（本书第一作者博士研究生期间的指导教师），在其学术指导下，作者完成了题为“自振射流理论与水射流超细粉碎技术研究”的博士学位论文；完成了与内蒙古察右前旗云母制品有限责任公司合作的横向课题“水射流超细粉碎云母”中靶式后混合磨料射流超细粉碎机的工业化设计，完成了水射流粉碎机的现场调试与指导生产的任务；取得了“自振对撞式水射流超细粉碎机”实用新型专利一项。最后，感谢工程力学系的同事们和作者历届毕业的研究生多年来给予的大力帮助，感谢彭岩岩博士为本书校订所做的工作，感谢为本书出版提供支持的专家和朋友。

由于作者水平所限，书中不足之处，衷心希望读者批评指正。

作 者

2014年5月于北京

前　言

高压水射流超细粉碎，是利用自激振动产生脉动射流的冲击，在颗粒界面产生张应力波，使材料拉伸破坏，具有解理性好、可保持材料颗粒原有形貌的特点。利用水射流进行超细粉碎可以获得高性能粉体，对材料创新具有重要意义。

然而，迄今为止，高压水射流粉碎技术在许多方面仍未成熟，从而限制了其在工业上的应用。水射流粉碎是一个复杂过程，难以建立系统的理论模型，水射流粉碎机的设计也缺少系统的理论与技术规范。另外，水射流粉碎的关键技术是自激振动射流。而在自激振动射流喷头中，亥姆霍兹谐振器的结构及自激振动频率与水射流粉碎效率及破碎粒度高度相关。对于亥姆霍兹谐振器的自激振动频率与模型，在解决其应用于自激振动磨料射流喷头时的定量计算方面尚缺少系统的理论专著。这些问题构成了水射流粉碎技术应用的障碍。

基于上述原因，作者感到有必要将多年从事水射流粉碎研究的成果总结出来，以供相关领域的科研人员与高校师生参考。

本书是作者多年来在有关高压水射流超细粉碎理论与技术研究方面所做的总结，全书共分7章。第1章介绍了水射流超细粉碎理论与技术的现状。水射流粉碎是在射流形成的多相湍流场中进行的，即水射流粉碎场。认识湍射流以及由射流带动周围环境流体形成的多相湍流场的结构，是了解水射流粉碎机理必要的基础。第2章介绍了湍射流结构红外热成像实验的研究成果。第3章介绍了自激振动射流原理和自振式水射流超细粉碎机的研制过程，以及水射流粉碎机参数的实验研究。第4章介绍了水射流粉碎机结构参数优化的正交试验方法。第5章介绍了水射流粉碎技术在制备超细永磁铁氧体粉体和珠光云母粉体

目　　录

1 绪 论

1.1 水射流超细粉碎技术

1.1.1 水射流技术的发展概况

随着社会的发展和人类文明的进步，人们对科学技术的各个方面提出了各种新的要求，高压水射流就是进入20世纪后，为适应这种要求而诞生和发展起来的一门新兴技术。高压水射流技术最初主要是在采矿界开始研究的，20世纪60年代以后，越来越多的工业部门对这一新技术产生了浓厚的兴趣，日益引起了国际上相关工程和学术界的重视。国外研究高压水射流的起因，一方面是和工程技术向高速、高压和高效发展的总趋势有关，另一方面又和采掘工业迫切需要一种能防爆、防尘的破碎、钻凿工具密切相关[1]。

早在19世纪中叶，在美国的加利福尼亚州，人们就利用水射流来开采软基金矿。20世纪50年代，苏联和中国的水力采煤就是利用水射流的冲击和运输作用。因此，高压水射流一开始就是从采掘工业开始研究的。随着水力采煤技术的推广，人们开始对高压水射流技术产生浓厚的兴趣，同时也认识到，提高水的压力，适当减小喷嘴直径可以显著地提高水射流的落煤效果。于是人们开始研制较高压力的压力源（高压泵和增压器）及高压脉冲射流（俗称水炮）。进入60年代大批高压柱塞泵和增压器的问世，大大推动了高压水射流技术的研究工作[2]。在这一时期，国际上出现了一种倾向，即尽量提高射流的喷射压力。70年代，高压水射流技术向更高的层次发展，即从单一提高水射流压力的观点开始转向研究如何提高和充分发挥水射流的威力，出现了高频冲击射流、共振射流和磨料射流，这些射流的压力并不高，但它们的威力大大高于同样压力的普通连续水射流。进入80年代，磨料射流、空化射流、脉冲射流、气水射流和自振射流的发展，把高压水射流技术推向了一个新的阶段[3]。

20世纪80年代以来是高压水射流技术迅速发展的阶段，其主要特点是高压水射流技术的研究进一步深化，各国学者开始对各种射流的基础理论、切割机理等方面进行研究，许多水射流产品已达到商品化，高压水射流技术的应用领域也在不断地拓宽。目前，高压水射流作为清洗、切割、钻孔、铲除、研磨、破碎的工具，已广泛地应用于矿业、化工、核能、军工、石油、建筑、建材、轻工、医疗、电力、冶金、航空航天、海洋、机械等各个领域[4]。

1.1.2 磨料射流

高压水射流可以成功地切割岩石和非金属材料，但用它来切割钢材和钢筋混凝土等材料时，则需要极高的压力，约为700~1000MPa，要获得和使用如此高的压力是困难的。然而在较低的压力下，在水射流中加入一定数量的磨料微粒，可以显著地提高水射流的冲击能力，有效地切割钢板与混凝土，称这种混有磨料的水射流为磨料射流[5]。磨料射流是20世纪80年代迅速发展起来的新型水射流，由于其有许多独特的优点，因而它一问世，便受到极大的重视。磨料射流有两种类型：磨料水射流（abrasive water jet，缩写为AWJ）和磨料浆体射流（abrasive suspension jet or abrasive slurry jet，即ASJ）。

磨料浆体射流是预先将磨料、各种添加剂与水配制成为浆体（属于非牛顿流体）并利用高压泵增压，再通过喷嘴喷出而形成磨料浆体射流。采用磨料浆体射流的目的是取得能减阻减磨的高效能射流。于1989年首次公开发表的磨料浆体射流被称为H-P-S技术。磨料浆体是以高黏度的高聚物溶液为载体，加入适量的磨粒配制而成的一种非牛顿流体。由于它是一种单一流体，而不是两相液固混合介质，因此固相与液相之间不存在滑移问题。由于磨料浆体具有剪切稀释的性能，因此其流过高剪切率的喷嘴时，表现为流动阻力损失小；在形成高速非淹没射流时，表现出显著密集性；当磨料浆体射流打击在靶体表面时，则表现出类似固体的瞬时刚性，能把更多的流体能量转换为射流的打击力。所以，磨料浆体射流具有牛顿流体不可比拟的优异的动力特性。

磨料水射流是磨料与高速流动的水或者高压水互相混合而形成的液固两相介质射流，这种两相介质仍是牛顿流体。磨料射流中水为载体，磨料颗粒被高压水射流加速，由于磨料颗粒的质量比水大得多且具有锋利的棱角，所以磨料射流对靶物的冲击力和磨削力要比相同条件下的高压水射流大得多。另外磨料颗粒在水射流中是不连续的，因而由磨料组成的高速粒子流对靶物还产生高频冲击作用。因此，磨料射流具有更大的威力。根据混合方式不同，磨料水射流可分为后混合磨料射流（abrasive-entrained water jet，也常常缩写为AWJ）和前混合磨料射流（direct-injection abrasive jet，DIAjet）两种。

后混合磨料射流是早期开发的一种磨料射流，其系统组成如图1-1所示。在高压水泵的加压作用下，水介质通过水喷嘴形成高速射流，高速水射流在混合腔中形成低压区，产生一定的真空度。磨料箱中的磨料在其自重和压力差的共同作用下通过气力运输而进入混合腔，并与水射流发生剧烈的紊动扩散与掺混后，进入磨料喷嘴。磨料喷嘴也常称为“准直管”（collimating pipe），磨料粒子在准直管中加速后，最终形成磨料水射流。后混合磨料水射流的形成过程与射流泵输送固体颗粒的工作原理相同，都是通过引射方式抽吸并输送固体颗粒或流体物质。研究表明，射流泵输送液体介质的总效率不超过30%[6]。

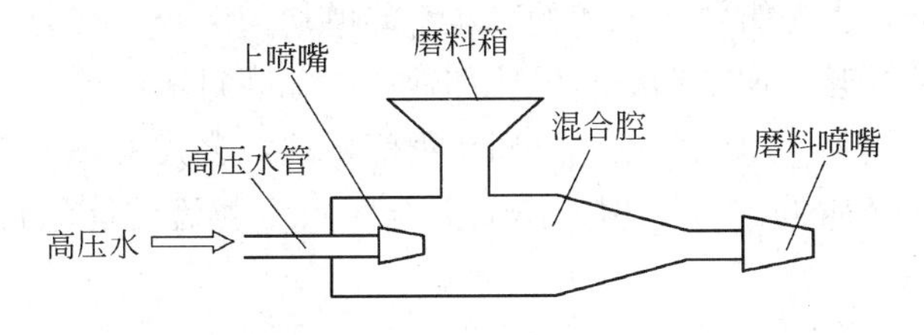

图1-1 后混合磨料射流系统

后混合磨料射流的冲蚀能力较纯水射流有了很大的提高，但由于引射的水射流速度已经很高，混合室内围绕高速水束表面的微细波面运动速度很大，且表面张力很大，其周围分散的水滴群之间频繁碰撞形成了一个密实的表面。磨料不易进入水射流的中心部分，大多数聚集在射流的外表面，磨料与高速流动的水不能充分混合与加速，明显降低了水介质对于磨料的能量传输效率。自从磨料水射流问世以来，人们围绕着磨料与水射流混合效果的问题开展了大量的研究工作。除去传统的单股射流侧进式磨料射流喷头外，还引进了多股引射式磨料射流喷头[7]、切向注入式磨料射流喷头[8]、螺旋流磨料射流喷头[9]以及准直管磨料射流喷头等[10,11]。这些工作在改善磨料与水射流混合效果上都取得了一定的成果。但后混合磨料水射流的效率存在着与射流泵相当的限制。因此，为了改善液固两相介质的混合效果，又提出了前混合磨料水射流。

前混合磨料射流的系统组成如图1-2所示，磨料箱设置在高压泵与喷嘴的中间管段，由于其处于泵压作用下，因此它必须是一个能承受一定压力的容器(罐或细长管)。磨料只有当在泵压力被切断后才能装入磨料箱内。此后接通高压水，使磨料与水混合，并通过输送管与喷嘴而形成磨料水射流。在这种系统

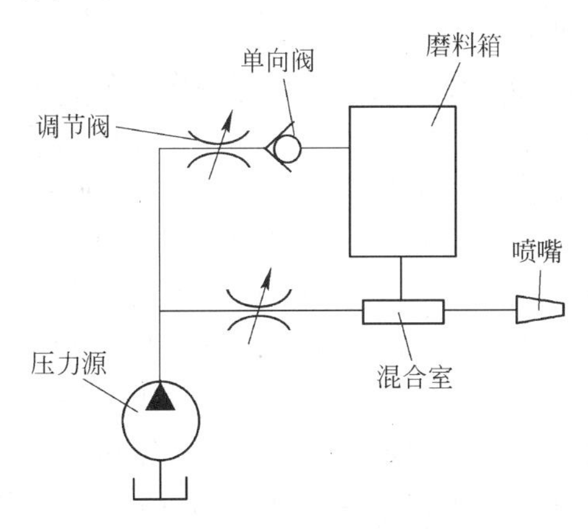

图1-2 前混合磨料射流系统

内，磨料与水在磨料箱内初步混合，使磨料处于似流体（fluid – like）流化状态，然后在高压输送管的混合室内流化磨料与水混合，再通过喷嘴的加速过程使磨料获得更大的动能。由于磨料与低速的高压水能够均匀混合，在通过喷嘴时，高压水在加速自己的同时，也带动磨料颗粒加速，因此磨料颗粒可被充分加速，并几乎达到水射流的速度。由此可见，磨料水射流由后混合式发展为前混合式，主要改善了磨料与水介质的混合机理，使前混合磨料水射流的能量传输效率显著地增长[12,13]。

1.1.3 脉冲射流

与普通的连续水射流不同，脉冲水射流能通过水锤效应对材料的高穿透力及冲击从一开始就使材料破裂并使裂纹迅速扩散，从而开辟了一条破碎硬脆材料的新思路。脉冲水射流在靶物表面产生的冲击压力大大超过了一般连续射流的滞止压力，从而显著地减小了切割比能，它的这些优越之处受到了越来越多的研究人员的重视。

从 20 世纪 60 年代起，高压水射流技术领域中普通连续水射流（straight water jet，即 STWJ）独揽天下的局面被打破了，人们开始对脉冲高压水射流进行积极的探索。在 1960 年前后，苏联首先研究了间断发射的脉冲高压水射流的喷射原理及其破碎坚硬岩石的能力，并连续研制了几种脉冲水射流发射装置。随后，英、美等国家也开始了这方面的研究工作。于是，挤压式、不同动力源的冲击式和冲击 – 聚能式等多种形式的脉冲射流发生装置相继出现了。从 70 年代初期开始，美国、苏联和中国将脉冲水射流应用于破岩、切割钢板和破拆海底电缆，并进行了井下巷道掘进的半工业和工业性试验，取得了一定的进展。进入 80 年代以后，各国学者都把注意力集中在如何形成一种特殊的脉冲射流发生器上，许多研究人员为此进行了大量的研究与实验，研制出各种类型的脉冲水射流发生装置[14]，主要包括：

（1）挤压冲击式脉冲射流。这种射流是利用电能、火药爆炸能、特殊化合物爆燃能和气体压缩能等作为动力源，通过一定装置在极短时间内将能量传输给工作介质而获得的脉冲射流。Cooley 于 1972 年，Edney 于 1976 年分别制成了自由柱塞冲击水炮[15,16]。在此基础上，一些学者相继提出了结构更先进、压力更高的各种水炮，如挤压式水炮[17]（变截面增压器 DIA）、扰动水炮等[18]。

（2）阻断式脉冲射流。上面提到的脉冲射流的发射装置由于结构过于复杂，实际应用范围受到限制，因此有的学者又提出了阻断式脉冲射流。该脉冲射流是用一种射流间断器将连续射流隔断成一连串不连续的射流段。D. Summers 在 1975 年提出了一种机械间断脉冲射流。其后，Lichtarowicz、Nwachukwu 以及 Erdman – Jesniter、Kiyohasi 等人也做过这方面的研究与实验。机械间断射流是用一个周边开孔、槽或链状导孔的旋转圆盘周期性地切断连续射流，从而产生断续的液柱冲击靶物。Lichtarowicz 的实验用铅样做靶物，结果显示，在相同条件下连续射流没有发现可测的冲蚀，而间断射流则得到了明显的效果[19]。机械阻断方法的主要缺点是间断器的磨损和截断时产生的高频噪声。1983 年 Mazurkiewicz 提出设想，利用激光束将连续射流部分蒸发，从而将其切断成分离的液柱而形成脉冲射流[20]。阻断式脉冲射流可以显著地提高射流的切割破碎效率，但它浪费了相当一部分的高压水，也就是浪费了能量。并且上述截断实际上也难以做到使射流液滴化。为了充分利用水射流的能量，人们又研制出调制式脉冲射流。

（3）调制式脉冲射流。调制式脉冲射流（或激励式脉冲射流）是利用流体力学和瞬变流理论，通过调整连续射流的内部结构，使射流流量发生周期性变化的脉冲射流。调制式脉冲射流有两个基本设想：一是将高压水射流转化为一系列的高频冲击，从而比稳定施载更能提高射流的冲蚀能力；二是对连续射流的喷出量只进行少量的调制，即只需周期性地稍许增加和减少喷出量，就可以方便地产生间断射流。按激励方式的不同，调制式脉冲射流主要有以下几种：

1）美国的 E. B. Wylie 于 1972 年在首届国际射流切割技术会议上提出了一个共振管系，泵站将高压水输进腔室，而后经三段串联的异径管导向喷嘴。在流体腔室上有一附加的振荡装置，周期性地改变流入管路的流体体积。如果振荡器的频率正好等于管系频率的 114. 5Hz，管系将发生共振，从而使喷嘴出口处产生振荡射流[21]。这种系统对射流破碎有潜力，但频率太低且控制困难。

2）Danel 和 Guilloud 提出了一种压电发射脉冲射流，试图用超声波减小水柱表面张力和 Ravleigh 不稳定性。在实验中，他们用陶瓷压电发生器在高压腔中产生高速的扰动场，如果扰动波长比未受扰动的射流波长长，不稳定的扰动将呈指数曲线增长，连续射流将被破碎成水柱或小水滴[22]。该装置遇到的问题是喷嘴的振荡及射流周围空气的不利影响。

3）1976 年，Nebeker 和 Rodriguez 设计了一种周期调制流量的脉冲射流装置，以特定的频率、振幅和波形周期性地调制喷嘴上游的流量而产生脉冲射流[23]。这种装置的优点是冲击的峰值压力高、冲击面积与脉冲水量之比大，长靶距射流时可减小动量损失；不足之处在于能量损失大、装置庞大、机械磨损快。

4）Puchala 和 Vijay 于 1984 年在第 7 届国际射流切割技术会议上提出了一种超声波喷嘴装置，他们将超声波发生器安装在喷嘴上游，使之在射流中传播压力正弦波，压力波使连续射流破碎成水柱或水滴，同时还使水柱中产生空化[24]。

5）Mazurkiewicz 提出用喷嘴振动法产生射流的方法[25]。前面介绍的各种方法都是通过使高压水的压力或流量产生脉动来调制射流的出口速度。喷嘴振动法则不同，它是使喷嘴作高频振动。在压力、流量恒定时，射流喷出的速度相对于喷嘴应当是不变的，根据速度迭加原理，喷嘴做高频振动时，射流的绝对速度也就以同样的规律脉动。

6）用自激振动法产生脉冲射流。自激振动法是一种比较先进的调制方法，其基本原理是利用流体的瞬变流动特性，设计合适的流动系统，使得流体中产生某频率的稳态振动，从而产生脉冲射流。

Sami 和 Anderson 在 1984 年的国际水射流切割会议上，报告了利用亥姆霍兹谐振器使射流产生自激振动，即水流进入空腔，产生扰动剪切层，扰动剪切层不断冲击下游出口附近的平板，从而引起扰动向上游传播，伴随着扰动的传播产生旋涡，旋涡在剪切层中得到增强。若压力扰动的频率和空腔的固有频率接近，扰动将得到显著增强[26]。

1983 年，Chahine 和 Conn 提出利用自振喷嘴来产生脉冲射流。自振喷嘴由亥姆霍兹谐振腔与风琴管组成。他们研究了几种自振脉冲喷嘴，即自振脉冲喷嘴、脉冲发送喷嘴、风琴管喷嘴和脉冲反馈喷嘴。Chahine 等人还研究了自振脉冲射流的最佳实验频率，得出三条准则[27]：卸载效应准则、缓冲效应准则和气动效应准则，这几条准则结合起来就得到最佳工作区。S・萨米和 C・安德逊对调制射流的亥姆霍兹谐振腔进行了理论研究与实验[28]，探讨了射流束通过一圆形空腔的自激现象，研究了环包射流的轴对称剪切层与空腔出口锐缘碰撞所产生的振动，同时还研究了剪切层不稳定性的放大条件以及振动的反馈条件。

沈忠厚[29,30]、廖振方[31]等对水声学理论、自激振动脉冲射流喷嘴的自激振动频率、数学模型进行了理论计算，并进行了大量的实验研究，成功地将自激振动脉冲射流应用在石油钻井中的牙轮钻头及 PDC 上。廖荣庆等在自激振动脉冲射流及其在石油钻井中的应用方面也做出了卓有成效的研究工作[32,33]。

李晓红等研制出了用于切割的自激振动磨料射流实验装置，并用它进行了切割和除锈试验。他将除锈试验的结果与刘本利教授的前混合式磨料射流除锈机相比所得到的结论是[34]：两者的整体性能比较接近，而自振磨料射流系统结构简单、加磨料方便、能连续工作；自激振动磨料射流将连续射流变成了脉冲射流，磨料粒子的瞬时最大速度提高了 2.5 倍，卷吸量提高了 1 倍，切割速度提高了 2 倍，且磨料粒子能够进入射流中心；在磨料粒子可被充分加速的同时，减少了对磨料喷嘴的磨损和由于摩擦所造成的能量损失，大幅度地提高了射流的工作能力。

大量的研究与实验表明，脉冲水射流在切割和破碎材料等方面具有很大的应用潜力，振荡脉冲射流和脉冲水炮是脉冲水射流技术发展的主要方向，其中对脉冲水射流发生装置和调制方式的研究是脉冲水射流技术的研究重点。然而，由于射流的流场是多相流场，加之振荡调制后形成的脉动场机制复杂，有关的射流理论与应用技术仍有许多有待于进一步开展理论与实验研究的问题。

1.1.4 空化射流

在连续水射流的基础上发展起来的新型射流中，空化射流是其中比较典型的高效射流，它以其在清洗、切割方面的高效率，特别是在淹没条件下对石油钻井、水下清洗及切割的潜在优势，深受研究人员青睐。

空化是一种复杂的流体动力现象。水在高速流动中，沿物体某处的局部压力低于该处的饱和蒸汽压力时，不仅溶在水中的空气会逸出，而且自身也开始汽化，形成许多空泡。这些空泡到达高压区时崩溃，同时产生压缩波或微射流，对附近固体表面破坏性极大。然而空化射流却是在高速水射流技术中，人为地产生并发展这种充满蒸汽的空泡，控制其在靶物上破裂时所产生的局部高压，用来加强其清洗和破碎能力，从而提高其冲蚀性能[35]。

目前在空化射流中比较普遍采用的产生空化的方式主要有以下三种：

（1）绕流型（尾流中的空化现象）。水或其他流体绕过任何形状的固体壁面时，在流动的下游都会有尾流。二维尾流能发生空化，但并不是所有的尾流都是空化流。这主要取决于表征尾流的流态，即雷诺数和压力分布，以及表征尾流中旋涡的动力相似准则，即斯特劳哈尔数（Strouhal number）的数值。因此，液体绕流固体壁面形成的尾迹，它的流态适合于空化气泡的孕育与初生。早期研制的“中心体式”空化射流发生装置，其工作原理就是上述的绕流型空化初生。

（2）旋涡型（淹没空化射流）。在空化与空蚀问题的专著里已经指出，旋涡中心的绝对压力如果降低到当地液体饱和蒸汽压力以下，则将产生旋涡型空化。理论研究和实际空蚀情况都表明，旋涡型空化的产生是由于液体质点的旋转运动而导致压力降低所致。与节流型空化相比较，旋涡型空化的强度高，生命周期较长。因此，发展成为空化射流的可能性更大。

当流体从缝隙、孔口或喷嘴出流到充满同一介质的空间时，这种射流称为淹没射流。当环境介质具有一定的速度时，称为“有伴随流的淹没射流”。从流动过程的物理本质分析，由于在射流边界，不论是有伴随流的或是无伴随流的，都存在很大的速度梯度。因此，水的黏性的反向压差的作用，使射流边界充满着旋涡。如果涡心压力降低到水的饱和蒸汽压力，空泡即将初生。研究结果证明，淹没射流，尤其是高速淹没射流大都是空化射流，旋涡是产生空化现象的主要原因[36]。

（3）振荡型（振荡空化与共振空化射流）。振荡型空化可能出现在一个流动的水介质系统内，如自激共振空化，也可能产生在没有流动的液体介质内部，如各种振荡型空蚀试验机。后一种情况称为“无主流的振荡空化”。空化射流在水下切割和船舶清洗的试验中取得了明显的效果，但在另一方面，许多研究人员在试图将空化射流引入钻井工程中却遇到一个问题，即如何在较高压力范围（一般至少有数兆帕到数十兆帕气压）条件下产生空化现象。

在20世纪80年代初，美国Tracor流体公司V. E. Johnson和A. F. Conn等人利用水声学原理率先研制了声谐自振空化射流[37]，其中风琴管喷嘴和亥姆霍兹谐振腔喷嘴是最常见的两种自振空化喷嘴。法国C. Barden和H. Cholet在室内模拟钻井条件，他们的实验表明，用高空化数喷嘴在深井围压条件下有可能形成空化，而且有围压的环境对增加空化冲蚀效果有促进作用。

沈忠厚等从20世纪80年代后期开展了自激振动空化射流的研究，通过对风琴管喷嘴内外流场进行数值模拟、对自激空化射流的冲击压力特性及冲蚀岩石效果进行实验，得到了如下结论，即风琴管喷嘴和亥姆霍兹谐振腔具有很强的振荡效果，其中风琴管喷嘴的振荡效果最好，破岩能力最强，最优喷距为喷嘴出口直径的8～12倍。同时，在涡旋的扩散运动理论的基础上对自激振动射流进行了理论分析，提出由自振腔喷出的是一系列孤立的涡旋，并在实验与理论分析的基础上设计了新型自振射流喷嘴[38,39]。

廖振方与唐川林开展的空化射流研究独树一帜，即所谓“自激脉冲空化水射流”，它兼具自振空化射流和自振脉冲射流的特点，是利用高速水射流喷嘴在其周围造成负压的特性，在自激振动脉冲射流装置上开一些斜孔，形成一类似射流泵的装置，用它来产生自激振动空化射流[40,41]。廖振方将自激脉冲空化射流的研究成果应用到辅助牙轮钻井中，经现场试验取得了可喜的成果。

如前所述，空化射流的产生原理是根据流体动力学原理使水射流内部的局部压力低于该温度下的饱和蒸汽压力。常用的三种方式为：

1）绕流式，即在喷嘴内采用中心体、旋转叶片或其他装置来造成低压区诱发空泡。

2）剪流式，即在具有强烈切变特性的射流剪切层内形成大量旋涡，其中心压力降低而诱发空泡。

3）紊流式，即用强烈的紊流脉动在低压区诱发空泡，如自激振动可将连续水射流调制成大结构的断续涡环流，从而产生空化。

自从Rayleigh对于液体中单个空泡水动力学性能完成了创造性的研究后，人们对空化现象有了更全面的认识，并开展了大量的研究工作，形成了比较系统的空化理论，如J. P. Franc和J. M. Michel所做的研究工作[42]。同时，人们开始将空化与空泡动力学引入高压水射流领域，研发了新型的空化射流技术，如R. E. kohl等的研究工作。

在最初的研究中，V. E. Johnson等采用中心体喷嘴或转叶型喷嘴做实验（绕流型空化），对空化产生的原因做了分析，他们得出的结论之一是空化射流在淹没状态下可以得到更佳的冲蚀效果[44]。此后，许多研究工作者探索了淹没条件下不同类型喷嘴及不同工作条件对射流性能的影响。E. F. Jesnitzer等发表了各种锥形喷嘴在淹没条件下的实验结果[45]。在 20 世纪 80 年代中期，A. F. Conn 和 V. E. Johnson 研究了各种动力参数对淹没射流的影响[46]。在 1985 年美国水射流会议上，日本 Katsuya Yanaida 报告了淹没条件下简单角形喷嘴的实验[47]，这种喷嘴能促进空化在水里产生，通过喷嘴出口段扩散形状的改变，加剧了射流和周围液体之间的剪切作用，从而引起空泡的产生。

总之，前面数十年的研究工作大大丰富了淹没条件下的空化射流理论，但由于淹没射流存在靶距范围小的缺陷，严重限制了其进一步应用。因此，许多学者以探索新型射流或者改造喷嘴结构来突破这一限制。M. M. Vijay 等创立了人工淹没射流终于解决了这一难题[48]。他们在实验中利用同轴重叠喷嘴结构，使内喷嘴高压水与外喷嘴低压水环形水束的界面之间构成强烈的剪切射流现象，显示了有效的冲蚀性能和扩大的靶距范围。在大气条件下空化气泡往往会出现通气现象，明显地削弱了空化射流的冲蚀能力。人工淹没的目的是使空化射流与大气隔离，具体结构可能采用水帘、压缩空气屏蔽或用套筒等方式。

空化射流是一种新型高效射流，其研究工作已取得了相当的进展，特别是人工淹没射流的自振空化射流的研究和应用，充分展现了空化射流优越的冲蚀性能，引起了人们的高度重视。

1.2 超细粉碎技术

材料是社会进步的物质基础与先导，现代高新技术的发展更是紧密依赖于新材料的发展。在当今的新技术开发过程中，超细及超微粒子（1μm 以下）的制备是至关重要的。作为粉碎工程一部分，超细粉碎技术是适应现代化工、电子、生物及其他新材料、新工艺对矿物及其他原材料的细度要求而发展起来的一项新的粉碎技术。超细粉通常指 1 ~ 10μm 的微粒子[49]，其原子或分子在热力学上处于亚稳状态，由于表面效应、体积效应及久保效应，使得超细粉在保持原物质化学性质的同时，在磁性、光吸收、热阻、化学活性、催化和熔点等方面表现出奇异的性能。超细粉碎技术至今已发展成为世界各国重要的非金属矿及其他高新原材料深加工技术之一[50]。

国外早在 20 世纪初就开始了对粉体加工技术的研究，而工业上的大规模应用则是在二次大战后的工业技术发展的时代。西方发达国家对于超细粉碎技术的研究起步较早，自 20 世纪 40 年代起开始注重以超细粉碎、分级改性为基础的深加工技术，到了 60 年代已取得了迅速发展。20 世纪 60 年代到 70 年代，粉碎技术和颗粒分级方面的专利文献达到了高潮[51]。目前，粉碎技术在减小能耗、磨损、装载时间，提高处理能力和设备利用率以及工艺稳定性，实现自动控制等诸多方面都取得了很大的进展[52]。随着粉碎用途的扩大，为了适应被加工物料的特性，各种专用粉碎机械不断发展，高效节能新设备正在研发之中[53]。相对而言，国内对超细粉碎技术的研究起步较晚。经过多年努力，近30年来，我国在粉碎理论及粉碎技术上，也取得了飞速进步。

超细粉体的制备主要有两类方法，即机械粉碎法和化学合成法。化学合成法成本高、产量低，且生产工艺复杂；机械粉碎法成本较低、产量高、工艺简单，且能改良物料性能。因此，除少量超细粉碎不得已用化学合成法外，大多数非金属矿的粉碎采用机械粉碎法[54]。机械超细粉碎在超细粉体技术中得到广泛应用。超细重质碳酸钙、高岭土、滑石、云母、硅灰石、石墨等工业矿物超细粉体都是通过机械粉碎方法制备的。目前我国超细粉碎技术的总体水平是：能够生产出在工业上应用的各类超细粉碎设备；能够工业化大批量生产平均粒径1μm左右的超细粉体，如超细重质碳酸钙、超细高岭土、超细滑石、超细石墨等；设备磨耗有了显著降低[55]。

目前商业化的超细粉碎设备的主要类型包括：气流磨，高速机械冲击磨，搅拌、研磨剥片机，砂磨机，振动、旋转筒式、塔式磨，旋风或气旋流自磨机，高压辊（滚）磨机，胶体磨，高压水射流磨机，等等。机械式粉碎磨机，又可以按其粉碎工艺或粉碎机理进一步分类：如按粉碎过程中是否有水参与，分为干式和湿式超细粉碎设备；按用于破碎材料能量的形式，分为机械能粉碎设备与利用流体动能进行粉碎的喷射磨[56]。上述大多数超细粉碎机属于利用机械能进行粉碎物料的机械。但是机械粉碎仍有很多不足之处，其主要问题是：当材料利用机械能进行反复研磨或冲击压缩时，往往不能保持颗粒的原始结晶形状与表面光泽，同时由于过粉碎或研磨介质本身的污染，使得粉体中的矿物成分与杂质难以分离，难以得到高纯度的超细粉体[57]。

许多领域，都需要粒度细、纯度极高、分布均匀的粉体，如电子器件、水煤浆、磁性材料等。特别是一些新的材料工程要求粉体能够保持其颗粒的原始结晶形状与表面光泽度。喷射磨正是为满足这些要求而发展起来的超细粉碎技术。按承载动能的流体介质不同，喷射磨可分为气流磨与高压水射流粉碎机两大类。气流磨是最主要的超细粉碎设备之一，有许多不同型号的产品，如扁平（圆盘）式、循环管式、靶式、对喷式、流体床逆向喷射式、旋流式等。气流磨多用于加工粉碎产品粒度细（最细可加工 $d_{97}=3\sim5\mu m$ 的粉体）、纯度高和附加值较大的物料，不足之处是由于压缩空气的压力较低（一般小于15MPa），需对物料颗粒进行反复冲击，难以保持其原有的表面形貌。

高压水射流粉碎技术，是将高度聚能的水射流以某种方式作用在被粉碎的物料上，在颗粒的边界形成应力波，并在物料的裂隙或节理面上反射后形成拉应力波，加之在粉碎过程中产生的空化效应，使颗粒沿裂隙或解理面拉伸破坏，即解理粉碎[58]。因此，水射流粉碎可以保持颗粒的原始结晶形态与表面光泽。水射流粉碎的另一个特点是：水射流能以较低的输入功率使物料破碎到超细的粒度范围[59]。高压水射流粉碎技术以其简单的设备结构、良好的解理与分离特性，以及清洁、节能、高效而成为一项新的、独树一帜的粉碎技术，近30年来得到发展并在工业中实现初步的应用。

1.3 高压水射流超细粉碎技术

按断裂力学的观点，材料的破坏可分为在拉张应力作用下的脆性破坏、在剪应力作用下的塑性破坏和疲劳破坏等形式。矿物的破坏类型可以通过调节破碎力的作用频率或强度进行调节。例如，采用高频率、高强度的破碎力可使矿物呈脆性破坏；频率高、但破碎力不足时，虽然也能使矿物产生破碎作用，但为疲劳破坏；反之，如果加大破碎力，矿物即由疲劳破坏转为脆性或塑性破坏。可见，矿物的破坏状态是可以调节的。矿物不同类型的破坏，其力学过程不同，效率也不尽相同。塑性破坏的变形能耗散较多，其破碎的特点是加载速度慢，可使能量传至整个矿块，使块体产生变形。可见，变形过程能量损失大是塑性破碎效率低的主要原因。疲劳破坏是由应力的多次重复作用引起的，这时的破碎力没有达到材料强度极限，但经多次反复作用后可使材料疲劳而破碎。疲劳破坏效率最低，因为每次作用力均难以使矿块破坏，在反复的作用中，矿物不断发生变形，破碎能量被矿物吸收后转化为变形能，当破碎力撤出后，矿物作弹性恢复时又将部分能量传到介质空间，造成能量的大量损耗。

由此可见，破碎力的大小与加载速度是决定破坏形式的两个重要因素。发生脆性破坏（或解理性破碎）时，破碎力的特点是强度大且加载速度快。发生脆性破坏时力的作用时间短、矿物变形小、吸收的能量少，所以能量的浪费也小，破碎效率高，矿物的解离选择性高。高压水射流产生的高能量密度集中于很小的冲击区域内，形成的冲击力远远高于一般的粉碎机械。再者，水射流速度一般均为一个马赫数或一个马赫数以上，且水射流的射束是由无数个小水滴组成，加载时间短，从微观上看是无数个压力脉冲。经过大量的实验研究，人们对水射流解理粉碎的机理取得了比较一致的认识[58~62]。众所周知，脆性材料的抗拉与抗剪强度均比抗压强度小得多，因此与压缩破碎相比，拉伸破碎会大大地降低粉碎能耗。同时，水射流可以造成不同矿物晶体聚合体之间沿解理面的解离破碎，有利于其他矿物杂质的分离。

高压水射流的解理破碎机理，使得超细粉碎技术有可能在以下几个方面取得突破性进展：（1）制备高纯度的超粉体；（2）保持颗粒的原始结晶形态和表面粗糙度，从而制造出具有某些奇异性能的新材料；（3）节省粉碎能耗与提高粉碎效率。20世纪80年代中期，美国密苏里－罗拉大学岩石力学与爆破技术中心进行的利用高压水射流粉碎物料的研究表明了这项技术的良好的应用前景，所进行的实验涉及木材制浆、废纸制浆、城市固体垃圾处理以及煤与矿物的粉碎[63]。

高压水射流用于木材制浆的实验研究结果表明，水射流分离的木材纤维的质量比用磨碎方法制取的要好得多，用水射流制取的木材纤维要更长，对纤维的完整性造成的破坏要更小；与传统的木材磨碎工艺相比，由水射流处理每立方米木材所需要的能量要少50%或更多。用高压水射流进行废纸制浆的工艺不但处理量大，而且处理时间短，其比能与传统方法处于同一水平上；由于水射流的紊动清洗作用，用水射流工艺生产的纸浆可大幅度地减少漂白操作。高压水射流在城市垃圾处理中的主要优势是，可以把高能量的水射流系统设计成一个可以有选择地进行粉碎的系统，即通过调节水射流的流量和压力，可使水射流有选择地切割某些材料而同时不破坏另一些材料，这样，即可把垃圾中的纸张、纸板，以及其他有机材料粉碎成小片，同时让垃圾中的无机材料，如玻璃和金属等完好无损，以利于进一步回收利用与处理。

密苏里－罗拉大学的研究人员所进行的最重要的实验研究是用高压水射流粉碎煤的实验[64]。在加工超细水煤浆的许多研磨方法中，用自动碾磨机获得的产品最细。这类磨机的优点是可以把物料破碎到非常小的粒度（小于10μm），但每次只能破碎少量的物料。如对于砂磨机，进料粒度必须小于70μm。这类机器的更大缺点是破碎过程消耗了大量的能量。例如，使用2号燃料油，把Montana Rosebud煤磨到90%的煤粉，其粒度小于4μm的能耗是1940kW·h/t，磨至平均粒度为10μm的能耗为106kW·h/t。采用水射流制备水煤浆的初步试验取得了比预计大得多的成果，即经水射流一次破碎操作就可以将初始粒度为1in（25.4mm）的Missoury原煤破碎到1～5μm的超细煤粉，其能耗比传统磨机的能耗要减少一半。在密苏里－罗拉大学进行的研究表明，水射流冲击煤粒而产生了冲击波，导致煤粒中微裂隙网络的形成和发育，高压水渗透进了这些裂隙，提高了裂缝中的压力，使裂缝增大，从而在流体动压力的作用下，造成煤粒内裂缝的拉伸增长而使颗粒粉碎。煤的抗压强度与抗拉强度的比值大体上成线性关系，其理论值为8。由于煤在采掘过程中经过强烈的破碎，其拉压强度与抗压强度的实际比值在20～30之间。因此，水射流的拉伸粉碎机理会大幅度降低粉碎能耗。

为了粉碎煤，Mazurkiewicz和Galecki研制出了双圆盘式水射流粉碎机[65]，其原理如图1－3所示。该粉碎机由直径均为188mm的上圆盘和下圆盘组成，它们分别由电动机驱动。上下圆盘的速度可以独立调整以保持所要求的相对速度。煤通过一个和顶部圆盘同轴安装的中心进料管给入。当煤进入由两个圆盘组成的破碎腔时，离心力将煤块朝外甩向旋转的圆盘表面。另外，由电动机驱动的旋转头上的喷嘴喷出的水射流直接射入两圆盘间的间隙，冲击正在两圆盘间受到机械破碎的煤。小于要求粒度的煤颗粒通过起分级作用的缝隙射出，大颗粒则在粉碎腔内进一步粉碎。煤的粉碎是破碎机的机械旋转和水射流力联合作用的结果。双圆盘水射流粉碎机的效率按破碎到200目（75μm）煤的体积及该过程所需的单位能耗来评价。当煤的给料粒度为 8 目（2.5mm）时，将煤粉碎到 75μm 粒度的最好能耗结果为 62.38kW·h/t。按水射流的原理来区分，双圆盘水射流粉碎机是利用纯水射流（straight water jet）直接冲击物料进行粉碎的原理设计的水射流粉碎机，同类的水射流粉碎机还有意大利卡利亚里大学研制的旋转水射流磨机[60]。

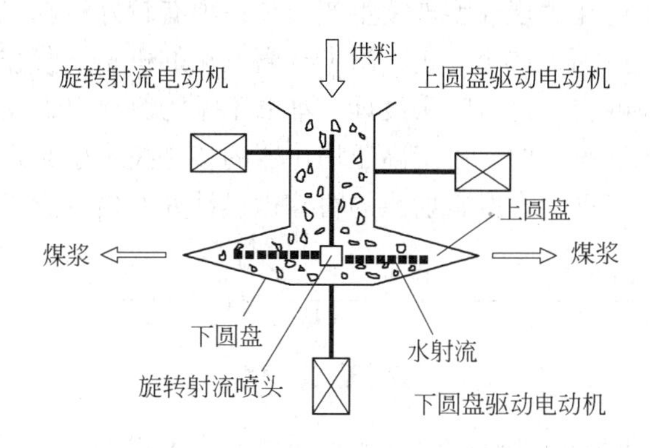

图 1-3 双圆盘式水射流粉碎机

根据纯水射流研制出来的水射流粉碎机的特点是给料粒度并没有严格的限制、粉碎比大、可以粉碎各种硬度物料，不足之处是能量利用效率比较低。由前所述，磨料射流具有更大的冲蚀力，具有更高的能量利用效率。于是，人们开始利用磨料射流来开发高压水射流粉碎技术。基于磨料射流原理研制的水射流粉碎机主要有两种类型，即基于前混合磨料射流（DIAjet）与基于后混合磨料射流（AWJ）的水射流粉碎机。在 20 世纪 80 年代，基于前混合磨料射流（DIAjet）原理研制出来的水射流粉碎机的典型产品有德国 AKW 公司、丹麦朗尼公司（APVRASNNIEA/S）生产的水射流粉碎机和中国矿业大学研制的高压均化器[66~68]。其特点是：首先将被处理的物料与高压水在一耐压容器内混合共同处于高压状态，然后使混合物以很高的速度通过具有细小间隙的均化阀或螺旋线形喷嘴，由此产生的强大的剪切力和摩擦力使物料均化粉碎。基于前混合磨料射流的粉碎机的问题是：设备结构复杂，造价高，操作程序复杂，生产率低，喷嘴容易堵塞和磨损，只适用于粉碎低硬度的物料，限制了其在工业化大规模生产中的应用[69]。然而，由于前混合磨料射流的特点，高压均化器具有很高的能量效率，可把物料粉碎至超细或纳米级的粒度。因此，高压均化器目前仍有许多商业化产品应用在生物、医药以及科研等行业中。

早期的基于后混合磨料射流的水射流粉碎机是 20 世纪 90 年代在北京科技大学研制的靶式水射流粉碎机[70]与自振式水射流粉碎机[71]。靶式水射流粉碎机的原理是靠水射流的引射作用将被粉碎的物料吸入混合室与水射流混合，再经过磨料喷头将颗粒充分加速，然后高速颗粒与靶板发生强烈的冲击碰撞而导致粉碎[72]。自振式水射流粉碎机是基于自激振动射流与后混合磨料射流的原理，将引射形成的液、固两相流经谐振腔调制，形成气、固、液三相的脉冲空化射流，在粉碎室中相互撞击，并在脉冲射流的水锤效应、空化效应和水楔效应的联合作用下，将物料粉碎[66,73]。后混合式水射流粉碎机的突出特点是结构简单、节能、高效、易于实现工业化大规模型连续生产，是一项有较好潜在工业化应用前景的水射流粉碎技术。然而，迄今为止，尚未有商业化的机型。其技术难点之一是自振射流理论与相应的自振射流喷头设计。本书正是为解决自振式粉碎机的基本设计理论与技术问题而编写的。由于高压均化器的核心技术也是自振射流，因此本书有关内容对于基于前混合磨料射流的粉碎机设计亦有借鉴意义。

参考文献

[1] Summers D A. Waterjetting Technology [M]. London: E & FN Spon, 1995.
[2] 崔谟慎，孙家骏. 高压水射流技术 [M]. 北京：煤炭工业出版社，1993.
[3] 沈忠厚. 水射流理论与技术 [M]. 北京：石油大学出版社，1998.
[4] 程大中. 迅速发展中的高压水射流新技术 [J]. 高压水射流，1987 (1)：30~35.
[5] 孙家骏. 水射流切割技术 [M]. 徐州：中国矿业大学出版社，1992.
[6] 马祖凯韦兹 M，等. 磨料射流切割喷头内部参数的研究 [J]. 高压水射流，1989 (4)：7~12.
[7] Hashish M. The application of abrasive-water jets to concrete cutting [C]. Proc. 6th Int. Symp. on Jet Cutting Tech., 1982: 89~108.
[8] 薛胜雄. 高压水射流技术与应用 [M]. 北京：机械工业出版社，1998.
[9] Horii K, et al. An abrasive jet device for cutting deep kerfs in hard rock [C]. 3rd American Water Jet Conference, 1985.
[10] Li Xiaohong, et al. Experimental investigation of hard rock cutting with collimated abrasive water jets [J]. International Journal of Rock Mechanics and Mining Sciences, 2000, 37 (7): 1143~1148.
[11] Savanick G A，等. 磨料射流钻机 [J]. 高压水射流，1989 (1)：10~15.
[12] Fairhust R M, et al. DIAJET-a new abrasive water jet cutting technique [C]. Proc. 8th Int. Symp. on Jet Cutting Tech., 1986: 56~68.
[13] Fairhurst R M. A field application of the DIAJET water jet cutting technique [C]. Proc. 9th Int. Symp. on Jet Cutting Tech., 1988: 182~196.
[14] 胡寿根，丁胜. 脉冲高压水射流工作原理及研究现状 [J]. 华东工业大学学报，1997，19 (2)：3~11.
[15] Cooley W. Rock breakage by pulsed with high pressure water jets [C]. Proc. 1st Int. Symp. on Jet Cutting Tech., 1972: 65~79.

[16] Edney B E. Experimental studies of pulsed water jets [C]. Proc. 3rd Int. on Jet Cutting Tech., 1976.

[17] Labus M J. Pulsed fluid jet technology [C]. Proc. 1st Asia Conference on Recent Advances in jetting Technology, 1991.

[18] Patter L L. The blowdown water cannon: a new method for powering the cumulation nozzle [C]. Proc. 8th Int. Symp. on Jet Cutting Tech., 1986: 325 ~ 334.

[19] Lichtarowicz A, Nwachukwu G. Erosion by an interrupted jet [C]. Proc. 4th Int. Symp. on Jet Cutting Tech., 1978.

[20] Mazurkiewicz M. An analysis of one possibility for pulsating a high pressure water jet [C]. Proc. 2nd U. S. Water Jet Conference, 1983: 93 ~ 98.

[21] Wylie E B. Pipeline dynamics and the pulsed jet [C]. Proc. 1st Int. Symp. on Jet Cutting Tech., 1972.

[22] Danel F, Guilloud J C. A high speed concentrated drop stream generator [C]. Proc. 2nd Int. Symp. on Jet Cutting Tech., 1974.

[23] Nebeker E B, Rodriguez S E. Percussive water jets for rock cutting [C]. Proc. 3rd Int. Symp. on Jet Cutting Tech., 1976.

[24] Puchala R J, Vijay M M. Study of an ultrasonically generated cavitating or interrupted jet aspect of design [C]. Proc. 7th Int. Symp. on Jet Cutting Tech., 1984: 241 ~ 249.

[25] Mazurkiewicz M. 由喷嘴超音速振动引起的高压水射流间断的分析 [J]. 高压水射流, 1985 (3): 6 ~ 10.

[26] Sami S, Anderson C. Helmhotz oscillator for the self modulation of a jet [C] //Watts G A, Stanbury J E A. Proc. 7th Int. Symp. on Jet Cutting Technology. Canada: International Society of Water Jet Technology, 1984: 105 ~ 112.

[27] Chahine G L, Conn A F. Passively interrupted impulsive water jet [C] //Field J, Comey N. Proc. 6th Int. Conference on Erosion by Liquid and Solid Impact. England: ELSI, 1983.

[28] 萨米 S, 安德逊 C. 调制射流的亥姆霍兹谐振腔 [J]. 高压水射流, 1986 (1): 21 ~ 26.

[29] Shen Zhonghou, et al. Theoretical analysis of a jet-driven Helmhotz resonator and effect of its configuration on the water jet cutting property [C] //Wood P A. Proc. 9th Int. Symp. on Jet Cutting Technology. Japan: International Society of Water Jet Technology, 1988.

[30] 沈忠厚, 李根生, 王瑞和. 水射流技术在石油工程中应用及展望 [J]. 中国工程科学, 2002 (12): 60 ~ 65.

[31] 廖振方. 自激振动脉冲射流喷嘴的理论研究和应用 [J]. 高压水射流, 1993 (1): 16 ~ 21.

[32] 廖荣庆. 钻头水利系统的研究与高压水射流技术的应用 [J]. 高压水射流, 1989 (4): 35 ~ 41.

[33] 廖荣庆. 脉冲射流在石油钻井中的研究与应用 [J]. 高压水射流, 1993 (2): 24 ~ 30.

[34] 李晓红, 刘爱林, 等. 自激振荡磨料射流的研究 [J]. 中国安全科学学报, 1995 (S1): 161 ~ 165.

[35] 胡寿根, 等. 空化水射流研究现状及其应用 [J]. 华东工业大学学报, 1996, 18 (1):

1 ~ 8.

[36] Christian Bardin, Henri Cholet. Assistance for deep drilling by cavitation damage [C] // Proc. 9th Int. Symp. on Jet Cutting Technology. England: BHRA, 1988: 56 ~ 63.

[37] Johnson V E, Conn A F. Self-resonating cavitating jets [C] // Proc. 6th Int. Symp. on Jet Cutting Tech., Cambridge, England: September, 1982: 116 ~ 125.

[38] 沈忠厚, 等. 自激空化射流的冲击压力特性及冲蚀岩石效果 [J]. 高压水射流, 1994 (合刊): 12 ~ 18.

[39] 汪志明, 沈忠厚, 等. 风琴管喷嘴内外流场的数值模拟 [J]. 高压水射流, 1994 (合刊): 35 ~ 41.

[40] 廖振方, 等. 自激脉冲空化水射流喷嘴结构的正交实验研究 [J]. 高压水射流, 1989 (3): 6 ~ 11.

[41] 唐川林, 廖振方. 自激振动空化水射流的实验研究 [J]. 高压水射流, 1988 (3): 36 ~ 40.

[42] Franc J P, Michel J M. Fundamentals of cavitation [M]. Dordrecht: Kluwer Academic Publishers, 2004.

[43] Kohl R E. Rock tunnelling with high speed water jet utilizing cavitating damage [J]. ASME Paper, 1969 (65): 5 ~ 42.

[44] Johnson V E, Kohl R E, Thiravengadam R A, et al. Tunnelling, fracturing, drilling and mining with high speed water jets utilizing cavitation damage [C]. Proc. 1st Int. Symp. on Jet Cutting Tech., 1972.

[45] Jesnitzer E F, Hassan A M, Louis H A. Study of the effect of nozzle configuration on the performance of submerged water jets [C]. Proc. 4th Int. Symp. on Jet Cutting Tech., 1978: 148 ~ 153.

[46] Conn A F, Johnson V E. The fluid dynamics of submerged cavitating [C]. Proc. 5th Int. Symp. on Jet Cutting Tech., 1980: 218 ~ 227.

[47] Katsuya Yanaida. Water jet cavitation of submerged horn sharped nozzles [C]. Proc. 3rd U. S. Water Jet Conference, 1985: 78 ~ 89.

[48] Vijay M M, Zou C, Hu S G, et al. A study of the practicing of cavitating water jets [C]. Proc. 11th Int. Symp. on on Jet Cutting Tech., 1992: 292 ~ 307.

[49] 郑水林. 中国超细粉碎和精细分级技术现状及发展 [J]. 现代化工, 2001 (11): 10 ~ 15.

[50] 孙成林, 连钦明, 等. 我国超细粉碎机械现状及发展 [J]. 硫磷设计与粉体工程, 2007 (5): 14 ~ 18.

[51] 朱秉生. 国外细碎技术发展评述 [J]. 矿山机械, 1990 (2): 31 ~ 35.

[52] 黄圣生. 联邦德国粉碎设备的现状 [J]. 矿山机械, 1987 (9): 52 ~ 55.

[53] 孙成林. 近年我国超细粉碎及超细分级发展及问题 [J]. 中国非金属矿工业导刊, 2003 (1): 39 ~ 44.

[54] 张更超, 应富强. 超细粉碎技术现状及发展趋势 [J]. 中国粉体技术, 2003, 9 (2): 44 ~ 48.

[55] 郑水林. 超细粉碎设备现状与发展趋势 [J]. 中国非金属矿工业导刊, 2004 (3): 3 ~6.
[56] 宫伟力, 方湄. 喷射磨技术与高压水射流粉碎机理研究的新进展 [J]. 化工进展, 1998, 17 (6): 30 ~33.
[57] 宫伟力, 安里千. 高压水射流超细粉碎技术的研究与应用 [J]. 中国粉体技术, 2001, 7 (3): 35 ~40.
[58] 付胜, 段雄, 高云鹏. 高压水射流粉碎技术的现状 [J]. 煤炭科学技术, 2001, 29 (1): 1 ~4.
[59] 宫伟力, 安里千, 李波. 高压水射流超细粉碎的机理 [J]. 中国粉体技术, 2001, 7 (专辑): 119 ~124.
[60] Mazurkiewicz M, Summers D A. 应用高压水射流作为一种高效磨煤工具 [J]. 高压水射流, 1986 (2): 42 ~47.
[61] Cui Longlian, An Liqian, Gong Weili. Effects of process parameters on the comminution capability of high pressure water jet mill [J]. International Journal of Mineral Processing, 2006, 81: 113 ~121.
[62] Cui Longlian, An Liqian, Gong Weili, et al. A novel process for preparation of ultra-clean micronized coal by high pressure water jet comminution technique [J]. Fuel, 2007, 86: 750 ~757.
[63] Mazurkiewicz M. 高压水射流辅助破碎煤和岩石 [J]. 国外金属矿选矿, 1994 (5): 1 ~7.
[64] Mazurkiewicz M. The analysis of high pressure water jet interruption through ultrasonic nozzle vibration [C]. Proc. 7th Int. symp. on Jet Cutting Tech., Ottawa, Canada, 1984: 35 ~49.
[65] Mazurkiewicz M, Galecki G. Materials disintegration by high pressure water jet-state of the technology development [C]. Proceedings of the 3rd Pacific Rim International Conference on Water Jet Technology, 1992: 149 ~158.
[66] 周淑文. 国内外高岭土剥片和超细粉碎现状及展望 [C]. 我国非金属矿开发利用科技论文选集, 1994, 8: 55 ~59.
[67] 潘业才. 超细均化器: 中国, 92218302 [P]. 1993 -05 -12.
[68] 周建国, 周淑文, 等. 高压均浆器料浆升压装置: 中国, 95240592. X [P]. 1996 -11 -22.
[69] 宫伟力, 方湄, 饶绮麟. 水射流粉碎技术的研究与应用 [J]. 国外金属矿选矿, 1998 (专刊): 1 ~4.
[70] 方湄, 江山, 殷秋生, 等. 高压水射流超细粉碎云母的实验研究 [J]. 中国安全科学学报, 1995, 5 (5): 36 ~41.
[71] 方湄, 宫伟力. 自振式水射流超细粉碎机: 中国, 98248771.1 [P]. 1999 -10 -27.
[72] 方湄, 江山, 宫伟力. 水射流粉碎颗粒机理 [C]. 中国颗粒学会首届年会学术论文集, 1997, 9: 56 ~73 .
[73] 宫伟力. 自振式水射流理论与水射流超细粉碎技术的研究 [D]. 北京: 北京科技大学, 1999.

2　湍射流结构的红外热成像

研究与观测表明，在自然界和工程中所遇到的射流均为湍流射流，以下称为湍射流。了解湍射流的结构，对于认识水射流粉碎机理是十分必要的。本章主要介绍水射流的基本理论、湍流射流的结构以及利用红外热成像进行湍射流结构显示的实验研究成果。

2.1　射流的结构

按射流环境介质的不同，常见的水射流形式分为淹没射流（工作介质与环境介质均为水）和自由射流（环境介质为空气且无固壁限制）。淹没射流的理论模型可以在自由射流模型的基础上得到。如图2－1所示，考虑一自由湍射流问题：流体从一缝高为$2b_0$（对于圆射流b_0为喷口半径）的平面缝隙以均匀速度U_0（射流出口速度）向另一静止空气流体中喷射。由于喷出的流体与周围流体在界面附近形成很大的速度梯度，即存在一不稳定的剪切（或旋涡）层，它能不断地将周围流体卷吸入射流内，使速度沿流动方向不断减小，范围不断扩大。射流是一种极不稳定的流动，大约在雷诺数$Re=U_0(2b_0)/\nu=30$左右就开始向湍流过渡了[1]，其中ν为流体的运动学黏度。

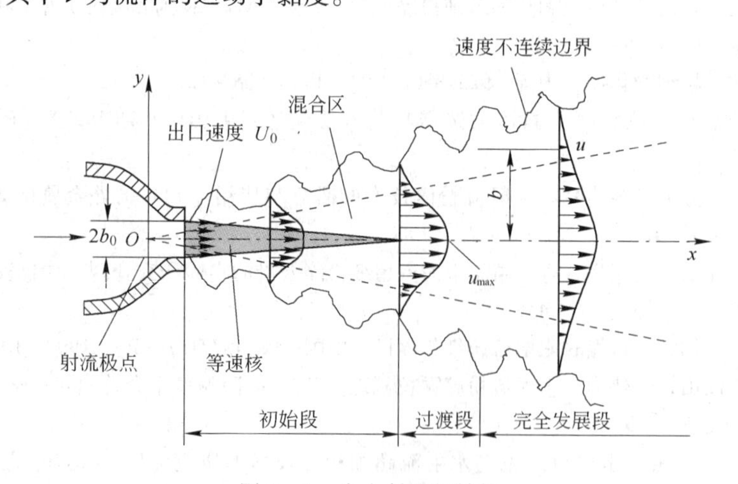

图2－1　自由射流的结构

目前，人们对湍射流速度场的所谓三段式结构有了比较一致的认识[1~3]，如图2-1所示。

（1）初始段（zone of flow establishment or initial segment）。又分为两个子区，射流离开出口以后，即开始在边界上与周围流体混合，但在中心线附近仍保留一个尖劈形的势流区，它的速度仍保持为 u_0，称为势流核或等速度核（potential core）；势流区以外为混合区（即剪切层），在此区内存在着很大的速度梯度，速度沿 y 方向减小，至界面处减小为零，势流核心区结束的地方也是混合区终结的地方。

（2）过渡段（transitional segment）。这是一个不太长的混合段。中心线上的射流速度 u_0 随着 x 的增加而逐渐减小。对任一横截面，中心线上的速度最大，随着距离 y 的增加，速度不断减小，直至界面处速度变为零。过渡段介于初始段与完全发展段之间，在射流的稳态结构分析中一般不予考虑。

（3）完全发展段或称速度相似段（zone of established flow or main segment）。流体经过渡段的充分混合后，即进入完全发展段，这时，沿中心线各横截面上的时均速度剖面出现了一定的相似性，中心线上的速度沿 x 方向继续减小，直至为零时，射流即告终结。通常在出口缝高（$2b_0$，对于圆射流为喷口直径 d）58倍距离内即可达到完全发展段。射流完全发展段的外边界线的交点 O 称为射流极点，在由极点发出的射线上各流体质点的时均速度相等，称为等速度线（等值线 Z）。极点可能在喷嘴内部，也可能在喷嘴外部，与喷嘴内流道的几何参数（尺寸）有关。

自由湍射流是具有紊动性的流动，它和周围的无旋流（或静止的流体）之间被间断面相隔离。在剪切层中，横向的时均速度比轴向的时均速度小得多，在大多数情况下可以忽略不计。但是，沿轴向的时均参数（如速度）的变化比沿横向的时均参数变化要缓慢得多，其轴向的尺度比横向的尺度大得多。时均压力在横向的变化主要取决于紊动强度的变化，而在轴向的变化取决于周围不受扰动的流体的压力分布。大多数情况下时均压力沿轴向分布是均匀的（如空气射流射到大气中），所以在计算时均速度分布时，假定时均压力在整个流场（流动范围内）中是均匀的。如果射流是射到大气中，其射流各断面上的时均压力均等于大气压力[4]。

射流的外边界（即间断面）是不稳定的，必定会产生波动，并发展成涡旋，从而引起流体的紊动。间断面的涡旋会把原来周围处于静止状态的流体卷吸到射流中，这就是射流的卷吸（entrainment）现象。随着紊动的发展，被卷吸并与射流一起运动的流体不断增多，射流边界逐渐向两侧扩展，流量沿程增大。由于周围静止流体与射流的掺混，相应产生了对射流的阻力，使射流边缘部分流速降低。射流与周围流体的掺混自边缘向中心发展，经过一定距离后发展到射流中心，自此后射流的全断面上都发展成湍流。射流内边界和外边界之间的区域为边界层（boundary layer），也称为混合区或剪切层（mixing layer or shear layer）。在边界层内由于涡旋的运动使流体质点间产生质量、动量及温度交换，交换的结果是：在射流边界层内产生沿横向的时均速度，沿射流的轴向也将产生时均速度的变化。射流边界层横向宽度称为射流边界层厚度，其值用 $2b$ 表示（见图 2－1）。

2.2 射流的理论解

由于射流的横向尺寸远小于纵向尺寸（$y \ll x$），横向速度远小于纵向速度（$v \ll u$），物理量的纵向梯度远小于横向梯度（$\partial/\partial x \ll \partial/\partial y$）。因此，可以运用边界层理论来求解这类问题。在图 2－1 中，将 x 与 y 轴分别取在沿中心线及其垂直方向，它们的时均速度分量分别用 u 和 v 表示。坐标原点取在射流极点，它的具体位置由实验结果确定。半速度的射流宽度 $b_{1/2}$ 与中心线的交点如图中所示。这时，射流所应满足的方程组（定常平面湍流边界层方程组）与边界条件为[1]：

$$\frac{\partial u}{\partial x}+\frac{\partial v}{\partial y}=0 \tag{2-1a}$$

$$u\frac{\partial u}{\partial x}+v\frac{\partial u}{\partial y}=\frac{1}{\rho}\frac{\partial \tau_t}{\partial y} \tag{2-1b}$$

式中的各个物理量为时均量。其中，τ_t 为湍流剪应力，在自由湍流中，仍可采用混合长理论，即：

$$\tau_t=-\rho\overline{u'v'}=\rho\nu^t\frac{\partial u}{\partial y} \tag{2-1c}$$

边界条件为：

$$y=0: u=u_{max}, v=0, \partial u/\partial y=0 \tag{2-1d}$$

$$y=\infty: u=0, \partial u/\partial y=0 \tag{2-1e}$$

湍流（或涡）的动量扩散率（或系数）：

$$\nu^t=l^2\left|\frac{\partial u}{\partial y}\right| \tag{2-2}$$

在普朗特混合长理论中，混合长度 l 只能由实验值来确定。在自由湍流中，普朗特假设混合长与湍流混合速度剖面（即射流半宽度 b）成正比。汤森（A. A. Townsend）在圆柱尾流实验中，计算出 $l=0.4b$；施利希廷（H. Schlichting）在实验中得到 $l=0.4b$。为了使方程组的积分成为可能，就必须借助于半经验假定，找出 τ_t 的补充关系。雷恰特（H. Reichardt）和格尔利特（H. Görtler）运用尾迹形式的湍流黏性系数，求解了这个问题。自由湍流没有壁面的限制和影响，因此研究射流不能用壁面律而要用尾迹律。于是根据上面的分析得到[5]：

$$\nu^{t} = \alpha b u_{max} \tag{2-3}$$

式中，α 为一由实验确定的常数，u_{max} 为射流轴心线上的纵向速度，即速度剖面的最大值。

下面分析射流半宽 b 和 u_{max} 随 x 的变化规律。根据实验，射流宽度随时间的变化率与横向湍流强度成正比，因此：

$$\frac{\mathrm{d}b}{\mathrm{d}t} \sim \sqrt{\overline{v'^2}} \approx l\frac{\partial u}{\partial y} \tag{2-4}$$

这里，由于 $b = b(x)$，故有：

$$\frac{\mathrm{d}b}{\mathrm{d}t} = u\frac{\mathrm{d}b}{\mathrm{d}x} \sim u_{max}\frac{\mathrm{d}b}{\mathrm{d}x}$$

以及

$$l\frac{\partial u}{\partial y} \sim \frac{l}{b}u_{max} = 常数 \cdot u_{max}$$

将上两式代入式（2-4）可得：

$$\frac{\mathrm{d}b}{\mathrm{d}x} = 常数 \quad 或 \quad b = 常数 \cdot x \tag{2-5}$$

说明射流宽度随 x 线性地增长。

实验中发现，不管射流的速度是多么小，在离开出射点不远的一段距离后，都将变为完全湍流。由于湍流的黏性的同时作用，一部分射流与周围流体混合，并带动周围流体跟它一起向前运动，而射流本身却受到周围流体的阻滞[illegible]射流在沿 x 轴方向传播的同时也不断地向外扩散，其质量流量和宽度参数均[illegible]增加，而射流的速度却不断减小。但是，由于无外力作用，根据动量守恒原理，通过射流任意截面的总动量是相等的。即射流总动量 J 保持为常数[5]：

$$J = \int_{-\infty}^{\infty} \rho u^2 \mathrm{d}A = 常数 \tag{2-6}$$

这个结果也可以将方程（2-1b）从 $-\infty$ 到 $+\infty$ 对 y 积分而得到，它是方程非零解的条件。

自由湍流（包括自由射流与尾迹流）具有的共同特点是：它们都不受壁面的限制和影响，流场中的压力分布是均匀的，不存在压力梯度；湍流区域顺流而下逐渐扩大，宽度参数 b 随 x 增加而变宽；在离开发源点一定距离以后，运动开始具有相似性质，即纵向速度分布 u 可以用一个函数来表示，即：

$$\frac{u}{u_{max}}=f(\eta) \tag{2-7}$$

式中，$\eta=y/b$，u_{max}表示在截面中心轴线上或在边界上的最大纵向速度值。

利用相似解的概念，可对方程组（2－1）进行求解。由连续性方程（2－1a），引入流函数 $\psi(x,y)$：

$$u=\frac{\partial\psi}{\partial y} \qquad v=-\frac{\partial\psi}{\partial x} \tag{2-8}$$

引入无量纲量：

$$\frac{u_{max}}{U_0}=\left(\frac{x_0}{x}\right)^{1/2} \quad \frac{b}{b_0}=\frac{x}{x_0} \quad \frac{\nu^t}{\nu_0^t}=\left(\frac{x}{x_0}\right)^{1/2} \quad \eta=\sigma\frac{y}{x} \tag{2-9}$$

式中，x_0、b_0 和 U_0 分别为 x、b 和 u 的特征值；$\nu_0^t=\alpha U_0 b_0$；σ 是任意常数。

于是可得：

$$\psi=\int_0^y u\mathrm{d}y=u_{max}\frac{x}{\sigma}\int_0^\eta f(\eta)\mathrm{d}\eta=\frac{U_0}{\sigma}(x_0x)^{1/2}F(\eta) \tag{2-10}$$

还有：

$$u=U_0\left(\frac{x_0}{x}\right)^{1/2}F'(\eta) \tag{2-11a}$$

$$v=\frac{U_0}{\sigma}\left(\frac{x_0}{x}\right)^{1/2}\left[\eta F'(\eta)-\frac{1}{2}F(\eta)\right] \tag{2-11b}$$

式中，$F(\eta)$ 为无量纲流函数。

将 u 和 v 的表达式代入动量方程（2－1b），可得：

$$\frac{\nu_0^t\sigma^2}{U_0x_0}F'''+\frac{1}{2}FF''+\frac{1}{2}F'^2=0 \tag{2-12}$$

边界条件是：

$$F(0)=0 \quad F'(0)=1 \quad F'(\infty)=0 \tag{2-13}$$

由于 σ 是任意常数，故选取：

$$\sigma=\frac{1}{2}\left(\frac{U_0x_0}{\nu_0^t}\right)=\frac{1}{2}\left(\frac{x_0}{\alpha b_0}\right)^{1/2} \tag{2-14}$$

于是方程（2－12）变成：

$$F''' + 2FF'' + 3F'^2 = 0 \tag{2-15}$$

利用上述边界条件，对方程（2－15）积分三次，得到：

$$F(\eta) = th\eta \tag{2-16}$$

由式（2－6）、式（2－11）以及式（2－16），可得：

$$u = U_0\left(\frac{x}{x_0}\right)^{-1/2}(1 - th^2\eta) \tag{2-17}$$

于是，射流的总动量为：

$$J = \int_{-\infty}^{+\infty}\rho u^2 \mathrm{d}y = \frac{4}{3}\rho U_0^2 \frac{x_0}{\sigma} \tag{2-18}$$

令 $K = M/\rho$，再把 $F(\eta)$ 和 J 的表达式代入式（2－11），得到最终形式的解为：

$$u = \frac{\sqrt{3}}{2}\sqrt{\frac{K\sigma}{x}}(1 - th^2\eta) \tag{2-19a}$$

$$v = \frac{\sqrt{3}}{4}\sqrt{\frac{K}{\sigma x}}[2\eta(1 - th^2\eta) - th\eta] \tag{2-19b}$$

雷恰特（H. Reichardt）通过实验确定 $\sigma = 7.67$。图 2－2 上的虚线是由托尔为恩（W. Tollmien）直接运用普朗特假定 $l \approx \alpha_1 b$ 所求得的结果，其中 α_1 为无量纲常数；图中的实验点是费尔特曼（E. Förthmann）的数据。由图 2－2 看出，理论与实验相当符合，而且有[5]：

$$\frac{b}{x} \approx 0.23 \approx \tan 13° \tag{2-20}$$

由 σ 的实测值还可以计算出涡的动量扩散系数 ν^t。式（2－14）可改写为：

$$4\sigma^2 = \frac{U_0 x_0}{\nu_0^t} \tag{2-21}$$

对于平面湍射流有[1]：

$$u_{max} \sim x^{-1/2}, b \sim x \tag{2-22}$$

于是可以写出：

$$u_{max} = U_0\left(\frac{x}{x_0}\right)^{-1/2} \tag{2-23}$$

$$b = b_0 \frac{x}{x_0} \tag{2-24}$$

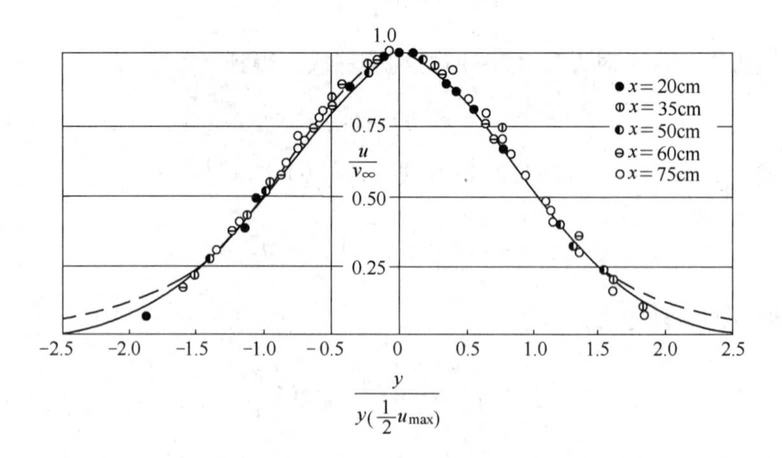

图 2-2　二维射流的速度分布

结果有：

$$\nu^t = \nu_0^t\left(\frac{x}{x_0}\right)^{1/2} \tag{2-25}$$

将式（2-23）与式（2-25）相除后，可改写为：

$$\frac{U_0 x_0}{\nu_0^t} = \frac{u_{max} x}{\nu^t} \tag{2-26}$$

将式（2-26）代入（2-21）有：

$$\nu^t = \frac{u_{max} x}{4\sigma_1^2} \tag{2-27}$$

利用式（2-19a），令 η 分别等于 0 和 $\eta_{1/2}$，得到：

$$u_{max} = \frac{\sqrt{3}}{2}\sqrt{\frac{K\sigma}{x}} \qquad \frac{1}{2}u_{max} = \frac{\sqrt{3}}{2}\sqrt{\frac{K\sigma}{x}}(1 - th^2\eta_{\frac{1}{2}})$$

此两式相除后有 $\eta_{1/2} = 0.881$，注意到：

$$\eta = \sigma\frac{y}{x} = \sigma\frac{b}{x}$$

并定义 $b_{1/2}$ 为 $u = u_{max}/2$ 的射流宽度，则有：

$$\eta_{\frac{1}{2}} = \sigma\frac{b_{1/2}}{x} \quad 或 \quad b_{\frac{1}{2}} = 0.1114x \tag{2-28}$$

联合上述各式，最后得到：

$$\nu^{t}=0.037b_{\frac{1}{2}}u_{max} \tag{2-29}$$

2.3 红外探测

上节中给出了射流结构及一些关键参数的理论解或基于实验的半经验公式，其对于了解湍射流的结构具有重要的意义。然而这些解是在一些特定的条件下得到的，如要求在射流的完全发展段必须存在相似性等。湍射流的流体力学基本方程组（2-1）是由纳维-斯托克斯（N-S）方程组经量纲分析，并针对边界层的特点简化而来，具有本质非线性的特点，无法得到其一般意义上的理论解。因此，单单依靠其基本方程来认识射流结构是远远不够的。为此，采用学科交叉的方法，进行流场成像实验研究，一直是认识射流结构与机理的重要方法与手段。

在流场可视化实验方法中，可见光成像是主要方法。目前应用最广泛的成像技术是粒子速度成像 PIV（particle image velocimetry）[6]、激光闪斑平面成像 PLIF (planar laser-induced fluorescence)[7]等。主要原理是流体中掺入示踪粒子，通过跟踪粒子来对速度场进行成像。通过流场成像的研究，人们对于湍射流的结构有了较为深入的认识。然而，PIV 与 PLIF 的成像速度与示踪粒子的性能密切相关；同时也难以同流体的能量、能谱等统计湍流的方法建立直接的联系。红外热成像技术，是近几十年发展起来的一项非接触、遥感、实时的探测技术。目前广泛应用的红外热成像仪是利用探测红外波段的电磁辐射，通过红外传感器件转换成反映探测目标温度场的红外热图。根据力-热耦合原理，可以通过红外热图来观测探测目标的能量辐射或结构变化特征。

红外探测的原理可以由斯忒藩-玻耳兹曼（Stefan-Boltzmann）定律来说明：

$$M=\varepsilon\sigma T^{4} \tag{2-30}$$

式中，M 为辐射通量密度，$W\cdot m^{-2}$；ε 为辐射系数，$0<\varepsilon<1$；σ 是斯忒藩-玻耳兹曼常数，等于 $5.67\times10^{-8}J\cdot m^{-2}\cdot K^{-4}$；$T$ 为绝对温度，K。

斯忒藩-玻耳兹曼定律表明：物体在红外谱段辐射通量密度与其绝对温度的四次方成正比。辐射通量密度可以看成是某一瞬时，受载物体的能量耗散，通过红外热成像，可以将其转变为目标的温度场。因此，由红外热成像可以得到探测目标的瞬时辐射能量，它反映了内在的力学机制。通过图像分析与处理技术，可以得到目标的能量特征、结构特征以及能量谱空间的特征。近二十几年来，红外探测在流体力学领域逐步得到了应用，如利用红外热成像对空气动力学流场[8]、边界层分离[9]、混合层的涡旋[10]进行研究。近年来开展了对湍射流流场的红外热成像研究[11]，用傅里叶分析研究红外热像湍流谱空间的尺度律[12]，用高阶谱识别湍流红外图像中的相干结构[13]

等。这里重点介绍有关利用红外热像仪对湍射流进行红外热成像的实验研究成果。

高压水射流红外探测系统如图 2－3 所示。实验的红外探测装置为 TVS－8100MKⅡ型红外热像仪，温度灵敏度为 0.025℃，图像分辨率 120×160，图像采集速度可达 60 帧/s，测量波段为 3.6～4.6μm。在实验中，红外热像仪镜头到射流的距离为 1225mm；视角为 13.6°×18.2°，由此得到的实际成像区域为 292.1mm×392.4mm 的矩形范围；单个像素占有的实际物理尺寸为 2.45mm（物理分辨率）。为减小周围环境对水射流红外辐射的影响，射流喷嘴放置在一个封闭的暗箱内，纸箱表面涂成黑色，在正对热像仪镜头处开一个正方形孔进行拍摄。实验的环境温度为室温（约 20℃），选择在夜间进行水射流红外热成像实验。射流介质为纯水，经高压水泵加压后通过喷嘴直接射入大气中。水射流喷嘴为圆柱形收敛喷嘴，喷嘴直径为 1mm，收敛角为 30°。射流的压力由调压阀调节，在 0～40MPa 的范围内缓慢增加射流压力，压力值由压力表读出，红外热像仪的拍摄频率设置为 1 帧/s，在增加射流压力的同时，红外热像仪进行同步探测。

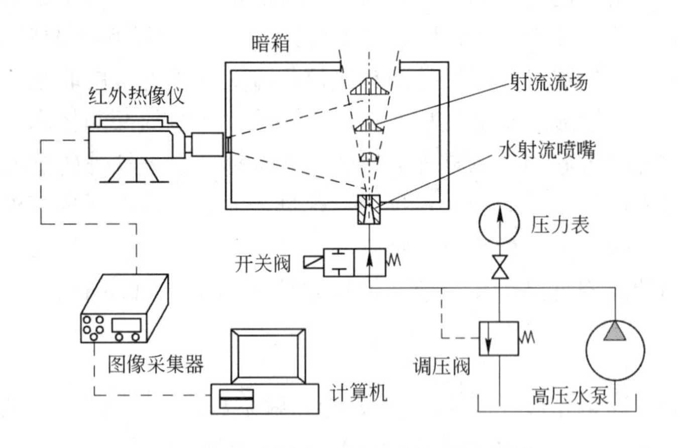

图 2－3　湍射流红外热成像实验系统

然而，由于红外图像具有低信噪比（signal to noise ratio，SNR）的特点，特别是应用被动红外成像时，由于没有辅助的热源对探测目标加温，加之环境的辐射与干扰，得到的红外图像大都比较模糊。另外，随红外图像的生成环境不同，其噪声形式也有很大的不同。因此，开展红外图像滤波技术的研究具有重要意义。关于红外图像的滤波去噪问题的讨论超出了本书限定的范围，有兴趣的读者可参考作者发表的有关文章[11～15]，在下面的讨论中，将直接引用经过滤波去噪后的红外图像。在下面的分析中，用射流压力和雷诺数 Re 作为描述射流动力学过程的基本物理量。射流的雷诺数定义为 $Re = ud/\nu$，其中，d 为喷嘴直径（实验中采用了 1mm 直径的喷嘴）；ν 为 20℃时水的运动学黏度（$1.02\times10^{-6}m^2/s$）；u 为喷嘴出口速度，m/s，根据射流压力由下式计算[11]：

$$u=44.721\sqrt{p} \tag{2-31}$$

式中，p 为射流工作压力（在实验室条件下近似为泵的工作压力），MPa。

图 2－4 是射流压力为 16MPa，射流速度为 178.9m/s（相应的雷诺数为 175322）时的红外图像，图像由伪彩色来表示温度分布，并由温度标尺给出具体的数值。其中的红色代表高温区域，在此区域内的力－热耦合效应最显著；蓝色区域代表低温区，由环境空气组成；其中深蓝色涡环区域为由射流卷吸作用引起的涡旋运动，高速度旋转的涡旋具有最低的温度。与图 2－1 所示的射流结构模型相对比，可知红外热成像较好地显示了湍射流的三段式结构。在射流的初始段（势流区），射流速度最大，压强最低；相应地，初始段的红外温度呈现出较低的水平，温度差别很小，温度分布沿轴线大致相同。在射流的完全发展段，射流沿径向发散、逐渐变宽，射流束的温度分层明显，即射流轴线的温度分布最高，沿径向逐渐降低，在速度不连续边界，温度分布最低。在过渡段，温度分布既没有势流区的单一温度分布的特征，也没有完全发展段的明显的温度分层结构。由上面的分析可知，红外热成像很好地表征了湍射流的结构。值得注意的是，红外图像也很好地反映了由水射流带动的环境流场，即在速度不连续边界上，由于流体的剪切作用，水破碎成细小的旋转微团，同时带动周围的环境空气，形成了一个由不同尺度涡旋组成的二相流场。由图 2－4 可见，在环境二相流场中，存在

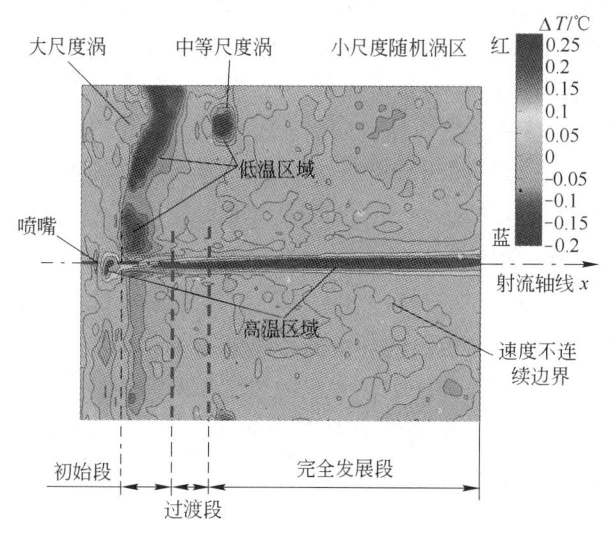

图 2－4 射流压力为 16MPa，射流速度为 178.9m/s（$Re=175322$）时的红外图像

着大尺度涡、中等尺度涡以及由这些涡旋破裂形成的小涡汇集而成的随机湍流区。因此，由红外热成像得到的结果对于认识射流本身的结构，以及射流周围形成的涡旋流具有重要作用。

图2-5为在不同压力下的水射流红外图像。图中（a）~（e）是射流压力较小（0.3~5MPa）时的湍流场。图（a）是射流刚刚启动时的水射流，工作压力为0.2MPa，射流速度为10m/s，$Re=19599$。虽然此时的射流的速度很小，但也可以明显地看到其对上半平面环境空气的扰动，小尺度随机分布的高温区表明了扰动的存在。图（b）是射流工作压力为0.6MPa，射流速度为34.64m/s，$Re=33497$时的水射流。由图可见，整个成像平面内，充满了随机分布的小尺度高温涡旋，表明了射流对环境流体的扰动。然而射流为等宽的细射流束，说明此时射流的能量较小，还不足以卷吸周围的流体。图（c）是压力为2MPa，射流速度为63.25m/s，$Re=61980$时的水射流，其基本保持了与0.6MPa时射流相同的特点。图（d）是压力为4MPa，射流速度为89.44m/s，$Re=87653$时的水射流。由图可见，射流束与周围的环境流体具有了明显的分界，即其温度分布有较大的差异，说明此时已形成了连续的细水射流，并且在射流上半平面形成了三个明显可见的中等尺度的涡旋，在下半平面形成了许多小尺度的涡旋。图（d）是压力为5MPa，射流速度为100m/s，$Re=97999$时的水射流。由图可见，环境流体的温度大大低于射流的温度，说明射流剪切作用在环境流体中形成了快速旋转的、随机分布的涡旋场。

图2-5中的（f）~（j）是在射流压力较大（6~26MPa）时的湍流场。图（f）是压力为6MPa，射流速度为109.54m/s，$Re=107353$时的水射流。将其与（a）~（e）的射流图像对比，可见图（f）具有不同射流形式，即在射流形成了与图2-1相似的结构，具有明显可见的三个分段，射流呈发散状，说明此时射流剪切层中卷吸了大量的环境流体；同时，在环境流体中存在稳定的涡旋场（即拟序结构[1]），包括上半平面内的大尺度涡旋、中等尺度涡旋与小尺度涡旋组成的随机湍流区。图（g）~（j）显示的湍射流是射流压力不断增大的过程，其射流雷诺数由图（g）中湍射流的$Re=138591$，增加到图（j）中湍射流的$Re=223472$。观察图2-5中（f）~（j）各图表征的湍流场可以发现，其射流束随雷诺数的增大不断变宽，说明卷吸的环境流体不断增多；射流的三段式结构基本保持不变；在周围环境中的涡旋场中，大涡的尺度不断增大，中等尺度的涡基本保持不变，随机湍流区与水射流区的温差不断加大，代表其涡量也在增加。同时，随着雷诺数的增大，下半平面中的涡旋不断增长，最后达到与上半平面基本相对称的水平，如图（j）所示。

另外，注意到图（f）~（j）的红外图像表征的射流的雷诺数（1×10^5数量级），比图（a）~（e）的红外图像表征的射流的雷诺数（1×10^4数量级）大了

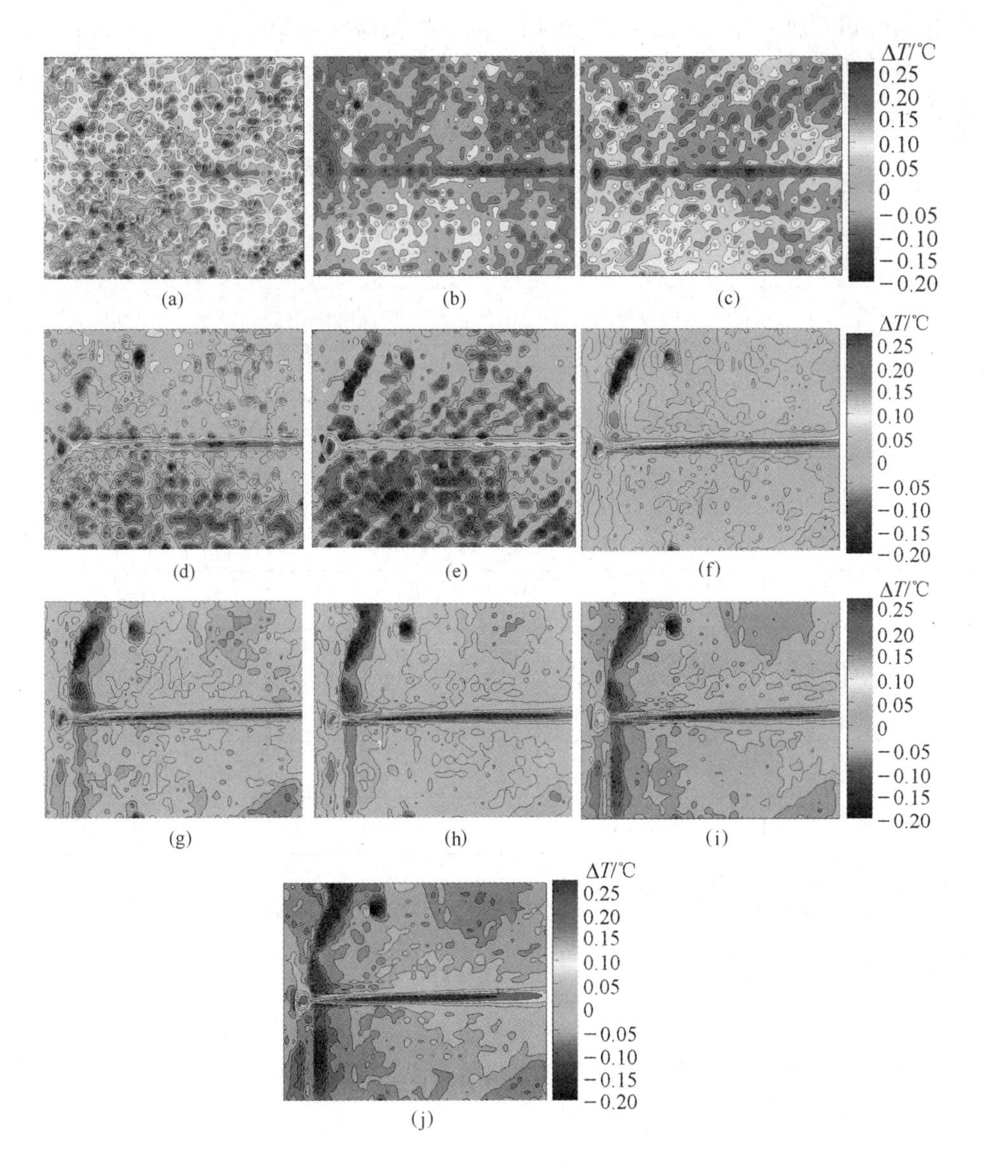

图 2-5 不同压力下的水射流红外图像

(a) 0.2MPa，$Re=19599$；(b) 0.6MPa，$Re=33947$；(c) 2MPa，$Re=61980$；
(d) 4MPa，$Re=87653$；(e) 5MPa，$Re=97999$；(f) 6MPa，$Re=107353$；
(g) 10MPa，$Re=138591$；(h) 16MPa，$Re=175322$；(i) 20MPa，$Re=195998$；
(j) 26MPa，$Re=223472$

一个数量级，其流场结构为两个完全不同的模式。较小雷诺数的射流近似于层流，其射流束与环境流体只存在很小的能量交换；较大雷诺数的射流为湍射流，射流束与环境流体间存在剧烈的动量交换。在射流压力逐渐增加的过程中，红外摄像机是以每秒一帧（frame）连续拍摄的。拍摄时间从第一帧（frame 001）算起，因此每一帧图像号对应一个特定的瞬时。表 2－1 给出了对应于图 2－5 中各图的帧号、射流压力和雷诺数。

表 2－1　水射流红外热成像实验记录

射流压力 /MPa	红外图像帧号 (frame number)	射流速度 /$m \cdot s^{-1}$	雷诺数 ($Re = ud/\nu$)
0.2	frame 003	10	19599
0.6	frame 030	34.64	33947
2	frame 067	63.25	61980
4	frame 100	89.44	87653
5	frame 127	100	97999
6	frame 128	109.54	107353
10	frame 248	141.42	138591
16	frame 257	178.88	175322
20	frame 400	200.0	195998
26	frame 510	228.03	223472

下面，将应用灰度空间的图像分析理论与技术，对湍射流的结构进行分析。

2.4 力－热耦合原理

流体力学的能量方程源于热力学第一定律。热力学第一定律表述为：对某一流体系统所做的功和加给系统的热量，将等于系统能量的增加值。一般形式的不可压缩流体的内能方程可以表示为：

$$\rho c \frac{\mathrm{D}T}{\mathrm{D}t} = \mathrm{div}(k \nabla T) + \varphi \tag{2-32}$$

式中，$\mathrm{D}/\mathrm{D}t$ 为随体导数算子；c 为比热容（对不可压缩流体不再区分比定容热容 c_V 与比定压热容 c_p）；div 为散度运算算子；k 为流体的热传导系数；$\varphi = 2\mu S$（$S \geqslant 0$）为耗散函数，其中 S 为应变率张量。能量方程（2－32）的物理意义可以解释为：流体温度（内能）的变化，等于热传导和能量的耗散。

能量方程表达了力－热耦合的机制，是解释红外图像所依据的基本力学定律。为了说明用红外图像温度场分析射流结构的正当性，有必要分析一下用于求解平面射流（或圆截面轴对称射流）的基本方程组，来阐明力－热耦合的机理。设瞬时速度场与温度场的时均量仍用其原来的符号表示，并且忽略能量方程中的耗散项，则定常平面层流与湍流边界层综合方程组可以写为：

$$\frac{\partial u}{\partial x}+\frac{\partial v}{\partial y}=0 \tag{2-33a}$$

$$u\frac{\partial u}{\partial x}+v\frac{\partial u}{\partial y}=v_e\frac{\mathrm{d}v_e}{\mathrm{d}x}+\frac{1}{\rho}\frac{\partial \tau}{\partial y} \tag{2-33b}$$

$$u\frac{\partial T}{\partial x}+v\frac{\partial T}{\partial y}=\frac{1}{c\rho}\left(\frac{\partial q}{\partial y}+\tau\frac{\partial u}{\partial y}\right) \tag{2-33c}$$

其中：

$$\tau=\mu\frac{\partial u}{\partial y}-\rho\overline{u'v'}=\rho(\nu+\nu^{t})\frac{\partial u}{\partial y} \tag{2-33d}$$

$$q=k\frac{\partial T}{\partial y}-\rho c\overline{v'T'}=\rho c(\alpha+\alpha^{t})\frac{\partial T}{\partial y} \tag{2-33e}$$

式中，ν^{t} 与 α^{t} 分别为湍流（或涡）动量与能量的扩散系率（或系数）；v_e 为边界层上缘外侧的速度。

对于湍流边界层问题，边界条件为：

$$y=0: u(x,0)=v(x,0)=0,\ T(x,0)=T_W,\ \overline{u'v'}=\overline{v'T'}=0 \tag{2-34a}$$

$$y=\infty(\delta_v): u=v_\infty(v_e),\ y=\infty(\delta_t),\ T=T_\infty(T_e),\ \overline{u'v'}=\overline{v'T'}=0 \tag{2-34b}$$

令 $-\rho\overline{u'v'}=0$，$-\rho c\overline{v'T'}=0$，即可得到层流边界层的方程组。由方程组中的能量方程（2－33c）可知，无论是层流运动或是湍流运动，动量的传递过程与热力学过程是耦合的（力－热耦合），且二者是正相关的关系。对于某些特定的问题，温度场与速度场是可以相互反演的，即得到了速度场，便可求得温度场，反之亦然。

经典的例子就是沿半无穷加热恒温平板的层流速度与温度边界层问题，如图2－6所示[1]。设有不可压缩的黏性均质流体沿平板做定常平面流动。在速度与温度为 v_∞ 与 T_∞ 的均匀来流中，放置一尖前缘、半无穷、零冲角的薄平板。x 与 y 轴分别平行和垂直于平板方向，原点 O 取在前缘处。平板加热但壁温 T_W 保持为常数。这样，在平板附近会同时形成速度与温度边界层，一般来说，它们的厚度并不相同。设流体的物理性质，如黏度系数 μ、热传导系数 k、比热容 c 均为常数，且全流场有 $v_e=v_\infty$，流场不存在压强梯度。于是能量方程（2－33c）可以简

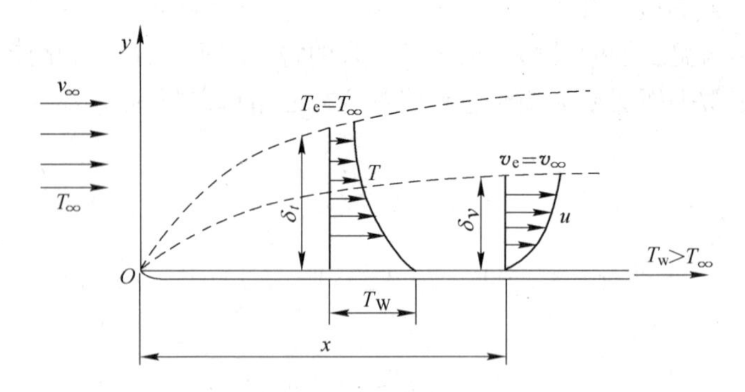

图 2－6 半无穷加热恒温平板的层流速度与温度边界层

化为：

$$T^{*''}+\frac{1}{2}PrFT^{*'}=0 \tag{2－35}$$

边界条件为：

$$\eta=0: T^{*}=1 \tag{2－36a}$$

$$\eta=\infty: T^{*}=0 \tag{2－36b}$$

式中，$Pr=c\mu/k$ 为普朗特数；$T^{*}=(T-T_{\infty})/(T_{W}-T_{\infty})$ 或 $T^{*}=(T-T_{e})/(T_{W}-T_{e})$；相似性变量 $\eta=y^{**}/g(x^{*})$，$y^{**}=\sqrt{Re_{L}}y^{*}$，$y^{*}=y/L$，$x^{*}=x/L$，$L$ 为平板的特征长度；$F=F(\eta)$ 为无量纲流函数，已通过求解动量方程（2－33b）得到其数值。方程（2－35）的积分解由 K. 波尔豪森（K. Pohlhausen）首先得到：

$$T^{*}(\eta)=\frac{\int_{\eta}^{\infty}[F''(\eta)]^{Pr}\mathrm{d}\mu}{\int_{0}^{\infty}[F''(\eta)]^{Pr}\mathrm{d}\mu} \tag{2－37}$$

当 $Pr=1$ 时，式（2－37）可积分为：

$$T^{*}=1-F'(\eta) \tag{2－38}$$

利用式：

$$T^{**}=\frac{T_{W}-T}{T_{W}-T_{\infty}} \tag{2－39}$$

式（2－38）可改写为：

$$T^{**}=\frac{T_{W}-T}{T_{W}-T_{\infty}}=F'(\eta)=\frac{u}{v_{\infty}} \tag{2－40}$$

式（2-40）表明，当 $Pr=1$ 时，无量纲温度与无量纲速度 u/v_∞ 的分布相同，厚度相等；当 $Pr\neq1$ 时，对某一给定的 Pr 数可用数值积分方法求解。K·波尔豪森证明速度边界层 δ_v 与温度边界层 δ_t 间存在下列近似关系：

$$\frac{\delta_v}{\delta_t}=Pr^{1/3} \tag{2-41}$$

当 $Pr>1$ 时，$\delta_t>\delta_v$；$Pr<1$ 时，$\delta_t>\delta_v$。

从上面的讨论可知，基于力-热耦合原理，红外热成像得到的温度场完全可以反映湍流场结构，且温度场与速度场存在着正相关的关系。另外，对于湍射流的温度场结构问题，也可以从湍流标量输运的观点来研究，详细的讨论可参考文献［16］。

2.5 射流涡旋场的红外辐射规律

对上节中介绍的红外图像，在灰度空间做进一步的分析，可以提取射流红外辐射温度的二维与三维特征，研究湍射流的涡旋结构、射流分段结构及其时间演化特征。分析的数据是红外图像的灰度矩阵包含的 120×160=19200 个像素，它们代表了流场的红外辐射流温度分布。每一个像素代表的实际物理尺寸可由红外摄像机的成像区域 292.1mm×392.4mm 除以 19200 个像素得到。按每个像素占有一个正方形区域计算，单个像素占有一个边长为 24.5mm 的正方形区域。因此，25.4mm 为红外图像物理分辨率的特征尺寸。

图 2-7 是压力为 2MPa，雷诺数为 61980 时的水射流红外辐射特征图。图 2-7（a）为红外图像的二维等温线图，图中的等温线清晰地给出了射流的空间发展过程及其边界。其中，左下方的单个涡旋，其等温线为闭合轨线，中心为

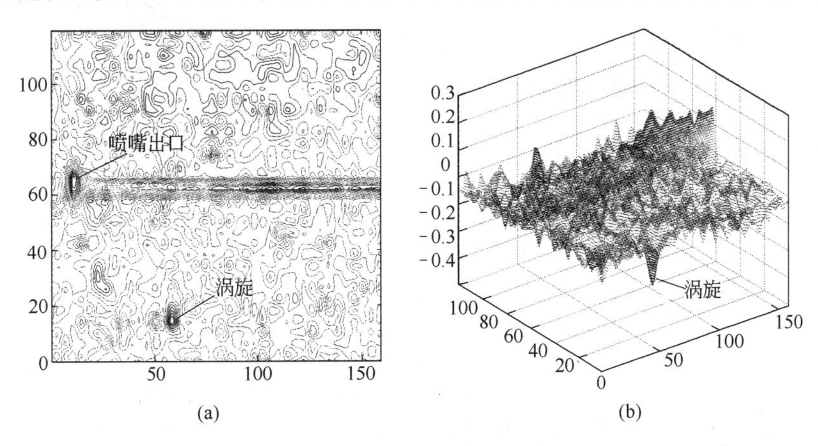

图 2-7 水射流红外辐射特征（$p=2$MPa，$Re=61980$）
（a）射流 2-D 红外辐射特征；（b）射流 3-D 红外辐射特征

红外温度的极小点。由于流速较低，射流边界呈平行线层流状态，在射流轴心线上能量出现了间断。此时射流能量整体较低，射流与介质（空气）温差较小，射流处于层流状态。图2－7（b）为该时刻流场的三维等温线图，图中射流红外辐射温度分布呈随机波动状，射流对周围环境空气的影响较小。在图2－7（b）中可以看到与图2－7（a）相对应的单个涡旋的三维结构。由于高压细射流的流场尺度较小，因而其涡结构可以用平面点涡模型（$v=\frac{\boldsymbol{e}_\theta \Gamma}{2\pi r}$，$v$ 为由点涡诱导的速度场，$\boldsymbol{e}_\theta$ 为单位向量，Γ 为点涡强度，r 为到点涡中心的距离）来模拟。由点涡模型可知，距点涡中心越近，流速越高，因而红外辐射温度也越低，在图2－7（b）中可以清楚地看到涡中心处的色调最深，为红外温度的局部极小点，也就是能量的最低点。

图2－8是压力为6MPa，雷诺数为107353时的水射流红外辐射特征图。图2－8（a）是射流的二维红外等温线图。此时射流转变为湍流，$Re=107353$ 可以认为是射流结构突变的临界雷诺数。由图可见，射流边界沿轴线发展成为散射形状，射流外边界上的卷吸作用在图中表现为大小尺度不同的等温线区。图2－8（a）中射流出口不远处出现了大尺度涡a，呈不规则椭圆形。在此大尺度涡的下游有一个稍小的涡b，这是大尺度涡沿空间运动发展的结果。图2－8（b）反映了射流场中涡的空间发展情况，从三维角度验证了喷嘴附近剪切层外侧大尺度涡的存在及发展。由图2－8（b）的三维等温线图中可以清楚地看到大尺度涡a以及较小涡b的空间结构及其能量的极小点。

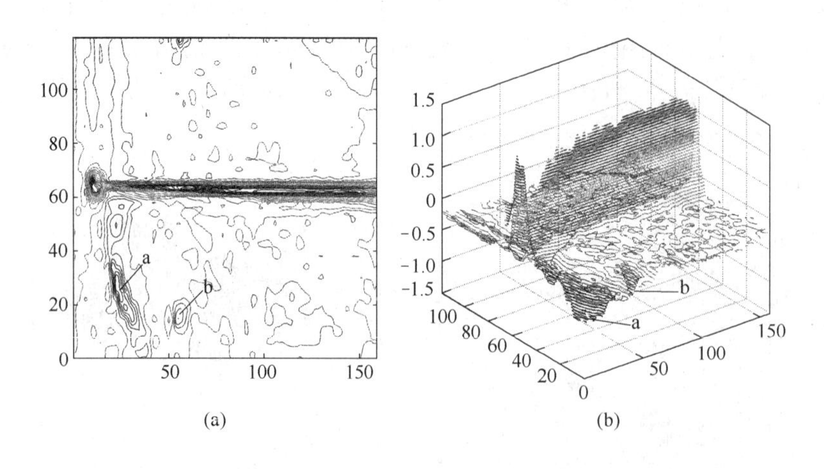

图2－8 水射流红外辐射特征（$p=6$MPa，$Re=107353$）

（a）射流2－D红外辐射特征；（b）射流3－D红外辐射特征

图2－9是压力为26MPa，雷诺数为223472时的水射流红外辐射特征图。

图2－9（a）为二维红外等温线图，图2－9（b）为三维空间等温线图。图中射流存在所谓“拟序结构”，即在射流出口处上下两侧剪切层外出现相互配对的大尺度涡旋结构。与图2－8相比，图2－9中的大涡a的尺度增大了。由于大涡a与a_1的旋向不同，因此，其成像尺度也存在差别。在大涡a下游较小尺度涡b仍然存在，其尺度也有所增大。随着射流速度的增加，拟序结构中配对的大涡在向下游运动的过程中逐步破裂成较小尺度的涡，从而使流场的湍流度增大。从图2－7（b）、图2－8（b）和图2－9（b）的三维等温线图中可清楚地看到这一现象。

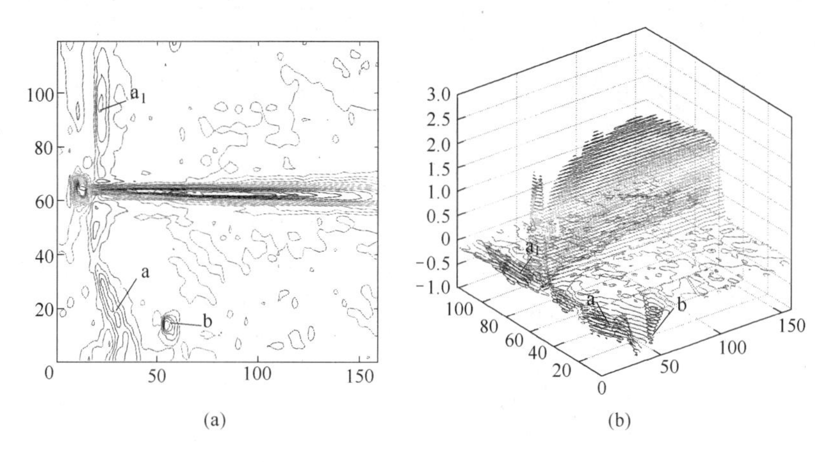

图2－9 水射流红外辐射特征（$p=26\text{MPa}$，$Re=223472$）

（a）射流2－D红外辐射特征；（b）射流3－D红外辐射特征

图2－10（a）~（c）分别给出了图2－9中的大涡a、大涡a_1以及中等尺度涡b的红外辐射温度局部放大梯度矢量图。由图2－10（a）可见，大涡a实际上是由两个椭圆形子涡组合而成，其中一个子涡紧靠射流喷嘴出口下方，中心的坐标为（21，51），涡心梯度矢量为$\nabla T=(U,\ V)=(0.0276,\ 0.0013)$，模为$\|\nabla T\|=0.02763$。另一个子涡位于射流出口下方稍远处，呈现更加不规则的椭圆形，其中心位于（33，12），涡心梯度矢量为$\nabla T=(-0.0277,\ 0.00591)$，模为$\|\nabla T\|=0.0283$。由此可见，大尺度涡a实际上有着细致的子涡结构，而且子涡的旋向及强度不相同。图2－10（b）为射流出口处上方的大尺度涡a_1，形状呈较为规则的椭圆形，涡心位于（24，101）处，涡心的梯度矢量为$\nabla T=(0.0805,\ 0.0105)$，模为$\|\nabla T\|=0.081$，其强度要大于下方的大涡a。由此可知，射流出口处上下两侧出现的大尺度涡结构并非是严格对称的，并且有着精细结构，其涡的强度也不相同。图2－10（c）给出了中等尺度的涡b的梯度矢量图，涡b自射流开始就稳定地出现，除去其尺度略有增大外，形状始终呈较为规则的圆形，

涡 b 的中心位于（56，15）处，其中心处红外辐射温度梯度矢量为 $\nabla T=(0.145, -0.0198)$，模为 $\|\nabla T\|=0.1463$，其强度大于喷嘴出口处的两个大涡 a 及 a_1。

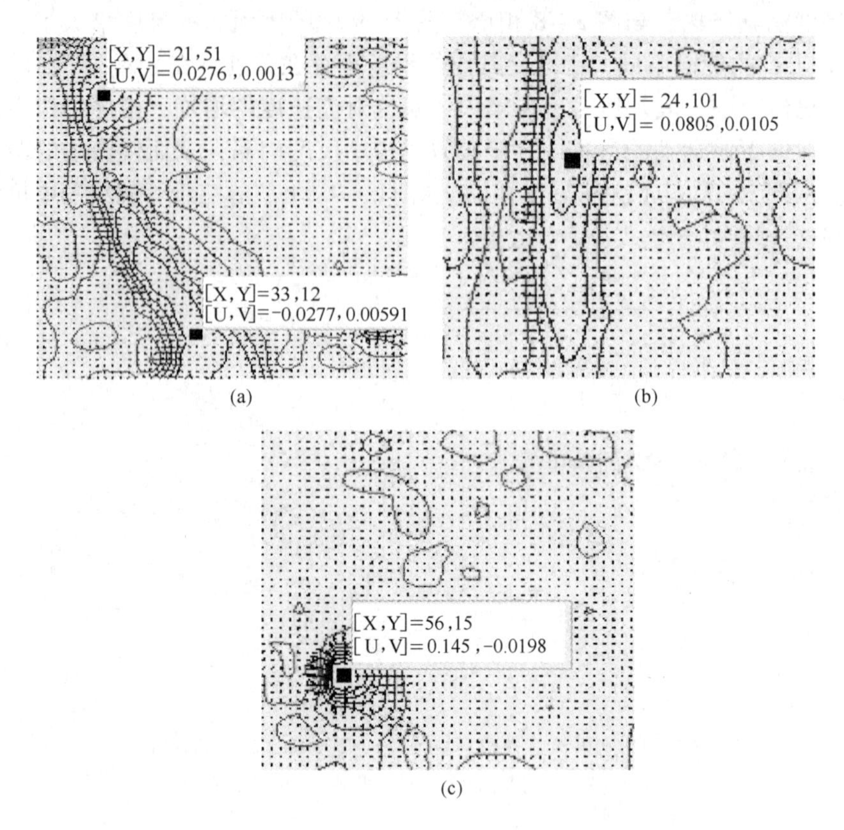

图 2－10　压力为 26MPa（$Re=223472$）湍流场中大涡 a、a_1 以及中等尺度涡 b 的红外辐射温度的梯度矢量图

（a）大涡 a；（b）大涡 a_1；（c）中等尺度涡 b

通过对由红外辐射温度场表征的射流结构进行平面与三维重构，详细研究了湍射流形成的涡旋场，其主要特征可以归纳如下：

（1）射流的转捩雷诺数为 $Re=8.36\times10^4$。射流转捩后，首先在射流喷嘴下方剪切层之外，出现了单个大尺度涡，随着射流速度的增大，单个大尺度涡演化为喷嘴两侧剪切层外的配对大尺度涡，涡尺度随射流速度的增大而增大。高压细射流的大尺度涡呈不规则椭圆形，配对的两个大尺度涡旋向相反，因而成像尺度不同。

（2）拟序结构中出现的大尺度涡有着精细结构，在喷嘴出口处上下两侧配对的大涡并非严格对称，其强度不同，涡的精细结构也不相同；大涡可由两个尺度、强度、旋向均不相同的子涡构成；射流剪切层外存在着稳定的较小尺度的涡，虽然其尺度较小，但其涡旋强度要大于大尺度的涡，同时也较大涡稳定。

2.6　射流分段结构的红外辐射规律

根据自由湍射流理论，射流的速度场自射流出口分为初始段（zone of establishment flow）、主体段或完全发展段（zone of established flow）以及两者之间的过渡段（zone of transition flow）。初始段定义为由喷嘴出口至等速核（potential core）端断面之间的射流区；主体段是完全发展的湍流区（见图 2－1）。为了分析等速核内的温度分布，将一般形式的不可压缩黏性流体的能量方程重写为：

$$\rho c\frac{\mathrm{D}T}{\mathrm{D}t}=\mathrm{div}(k\mathrm{grad}T)+\varphi+\rho q \tag{2-42}$$

式中，T 为温度；k 为热传导系数；ρ 为水的密度；c 为流体比热容；q 为辐射热强度，q 为常数。

在等速核内流速为常数，因此有 $u=v=\mathrm{const}$；另外由于等高压细射流的宽度尺度很小，故可认为 $T=T(x)$，$\partial T/\partial y=0, \partial T/\partial x=\mathrm{const}$；等速核内为无黏性流体的热流运动，耗散函数 $\varphi=0$，于是等速核内的能量方程可写为：

$$\rho cu\frac{\mathrm{d}T}{\mathrm{d}x}=\rho q \tag{2-43}$$

积分上式可得在等速核内的温度分布为：

$$T=\frac{q}{cu}x+\mathrm{const} \tag{2-44}$$

式中，const 为积分常数，可取为流场的初始温度分布。

由式（2－44）可知，在等速核内势流区红外热像仪测得的只是辐射传热部分，其沿流向辐射温度为距喷嘴出口距离 x 的线性函数，因此根据等速核内温度为线性分布的特点和轴心线红外辐射温度的线性区间就可以计算射流等速核的长度。同时，根据力－热耦合原理，红外辐射温度表达的射流能量场与射流的速度场具有相互耦合的对应关系。因此，根据射流轴线与断面的红外辐射温度的分布特征与红外图像像素点的尺寸，可以计算出射流各个段的空间尺度。

图 2－11（a）给出了压力为 2MPa，$Re=61980$ 下红外图像（frame 067，见表 2－1）沿射流轴线的温度分布。从前面图 2－7 的分析可知此时射流处于层流状态，射流轴线上温度分布呈随机波动状，射流没有出现所谓三段之分。图 2－11（b）为射流轴线垂直向 $x=20\mathrm{d}$，$x=65\mathrm{d}$，$x=100d$（x 为射流轴向到喷嘴的距

离，d 为喷嘴直径）三个断面上的红外辐射温度分布。由图可以看出各断面上温度分布均为随机波动信号，射流区温度与周围环境温度差别不大。直到第 128s（对应于 frame 128），压力为 6MPa 时射流由层流转变为湍流，射流轴线上的红外辐射温度分布及其断面温度分布才表现出明显的差异。

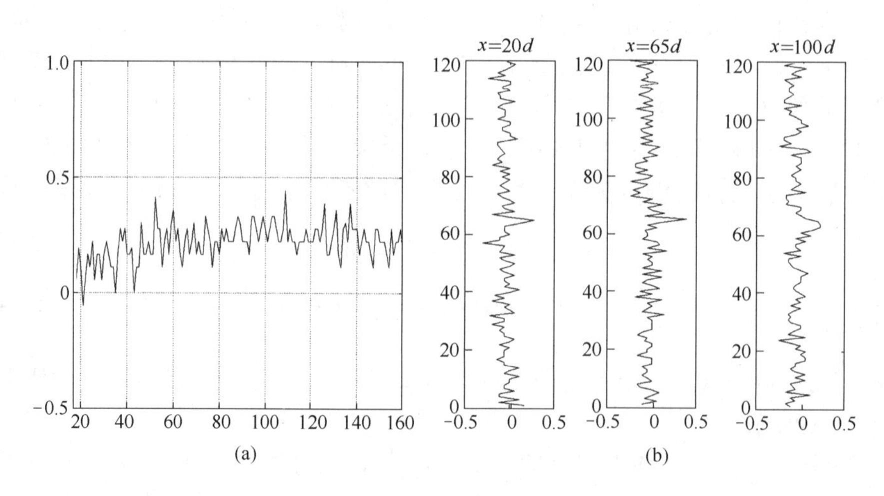

图 2-11 压力为 2MPa，$Re=61980$ 下射流场红外辐射温度分布（frame067）
（a）射流轴线温度分布；（b）射流不同断面温度分布

图 2-12（a）给出第 400s（frame 400），压力为 20MPa，$Re=195998$ 下沿射流轴线的红外辐射温度分布。由图 2-12（a）可见，喷嘴出口后的 OA 段的红外辐射温度呈线性分布，证实了由式（2-44）得到的结论，由 OA 段所占有的横坐标的像素点数可计算得出等速核的长度为 $L=59d$。在从 B 点至射流结束的一段区间，红外辐射温度呈现出随机波动，具有完全发展的湍流的特点，因而为射流的主体段，由其间占有横坐标的像素点的数目算出主体段长度为 $D=274d$。在 AB 两点之间的红外辐射温度既非随机波动，也非线性变化，呈现出过渡段的特点，由 AB 间像素点的数目算出过渡段的长度 $l=12d$。图 2-12（b）为垂直射流轴线方向 $x=20d$，$x=65d$，$x=100d$ 三个断面上的红外辐射温度分布，其中三个断面分别位于射流的初始段、过渡段及完全发展段。由图可以看出断面红外辐射温度分布并未出现类似速度分布的抛物线形状，而是呈现三角形脉冲的形状。脉冲高度沿射流流向逐步增大，在完全发展段达到最大值后逐步降低；三角形脉冲的宽度也随射流流向逐渐变宽。

红外探测得到的是射流场红外图像的时间序列，计算不同时刻湍射流结构的特征长度，得到在射流速度连续增加情况下，湍射流分段结构随时间的演化关系，如图 2-13 所示。由图 2-13 可得规律如下：在形成湍流后，湍流的等速核段长度几乎不变；过渡段在射流速度较小时（雷诺数较小时）可以忽略，随着

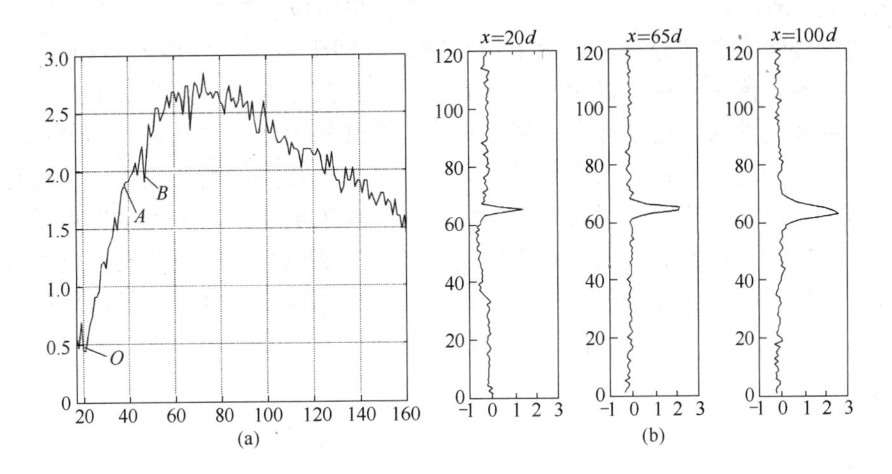

图 2-12 压力为 20MPa，$Re=195998$ 下射流场红外辐射温度分布（frame400）
（a）射流轴线温度分布；（b）射流不同断面温度分布

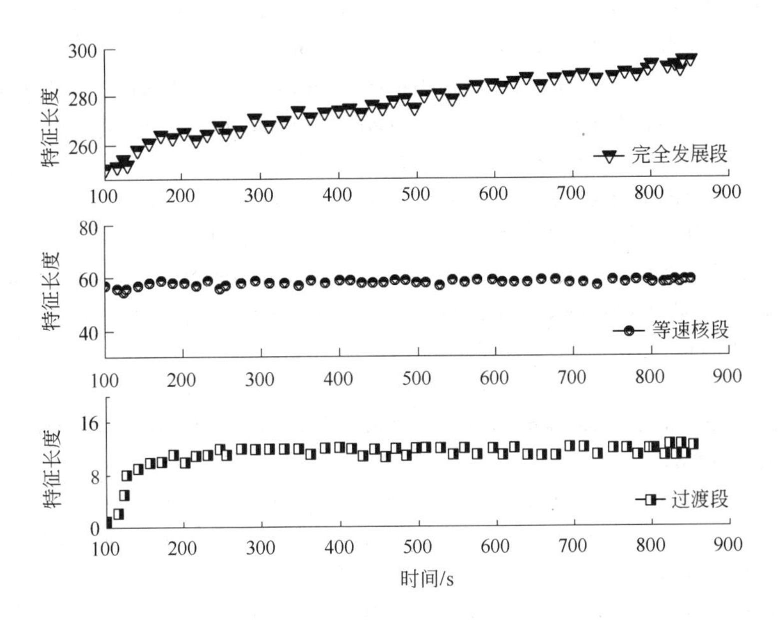

图 2-13 湍射流分段结构的时间演化规律

射流速度增加，射流雷诺数增加，起始段与完全发展段不断远离，过渡段的长度不断地加大并在增加到一定尺度后趋于恒定；完全发展段随着射流速度的增加不断扩大。

通过对射流分段结构的分析，可知射流轴线上初始段的红外辐射温度呈线性分布，主体段的红外辐射温度呈随机波动分布，过渡段的红外辐射温度既非线性变化，也非随机分布，而是呈现突变的特点；初始段、过渡段、主体段垂直断面上的红外辐射温度分布呈三角形脉冲状，区别于射流速度场的抛物线形状。脉冲高度沿射流流向逐步增大，在完全发展段达到最大值后逐步降低；三角形脉冲的宽度也随射流流向逐渐变宽。对采集的红外图像序列进行结构分析，可以得到射流分段结构特征尺度随时间（对应于射流压力的增加过程）的演化特征，即：形成湍射流后，射流的等速核段长度几乎不变；射流完全发展段不断地扩大，同时完全发展段随着射流速度的增加不断地与起始段分离；过渡段在射流速度较小时（雷诺数较小时）可以忽略，随雷诺数增加，以及起始段与完全发展段的不断远离，过渡段的长度在不断地加大，并在增加到一定尺度后趋于恒定。

参考文献

[1] 周光坰，严宗毅，许世雄，等．流体力学（下册）[M]．北京：高等教育出版社，2012.

[2] 董志勇．射流力学 [M]．北京：科学出版社，2005.

[3] Leu M C，Meng P，Geskin E S，et al. Mathematical modeling and experimental verification of stationary water jet cleaning process [J]．Journal of Manufacturing Science and Engineering，1998，120 (3)：571～579.

[4] 沈忠厚．水射流理论与技术 [M]．北京：石油大学出版社，1998.

[5] 赵学端，廖其奠．粘性流体力学 [M]．北京：机械工业出版社，1981.

[6] Cao Gaungyu，Markku Sivukari，Jarek Kurnitski，et al. PIV measurement of the attached plane jet velocity field at a high turbulence intensity level in a room [J]．International Journal of Heat and Fluid Flow，2010，31：897～908.

[7] Hua Feng，Olsen M G，Hill J C，et al. Investigation of passive scalar mixing in a confined rectangular wake using simultaneous PIV and PLIF [J]．Chemical Engineering Science，2010，65：3372～3383.

[8] Cehlin M，Moshfegh B，Sandberg M. Measurements of air temperatures close to a low－velocity diffuser in displacement ventilation using an infrared camera [J]．Energy and Buildings，2002，34：687～698.

[9] Bouchardy A M. Processing of infrared thermal image for aerodynamic research [J]．Applications of Digital Image Processing，1983，397：304.

[10] Turner J S. Turbulent entrainment：The development of the entrainment assumption and its application to geophysical flows [J]．Fluid Mechanics，1986，373：431～471.

[11] 宫伟力，赵海燕，安里千．高压水射流的红外热像特征 [J]．实验流体力学，2008，22 (3)：31～35.

[12] 宫伟力，赵海燕，安里千，等．基于 DFT 的水射流红外热像频域时空分析 [J]．北京航空航天大学学报，2008，34 (6)：690～694.

[13] 宫伟力，赵海燕，安里千．基于红外热像的自由剪切湍流被动标量高阶谱分析［J］．应用力学学报，2009，26（3）：401～407.

[14] Gong Weili，Gong Yuxin，Long Aifang. Multi－filter analysis of infrared images from the excavation experiment in horizontally stratified rock［J］. Infrared Physics and Technology，2013，56：57～68.

[15] Gong Weili，Wang Jiong，Gong Yuxin，et al. Thermography analysis of a roadway excavation in 60° inclined stratified rocks［J］. International Journal of Rock Mechanics and Mining Sciences，2013，60：134～147.

[16] 张兆顺，崔桂香，许春晓．湍流理论与模拟［M］．北京：清华大学出版社，2005.

3　自振式水射流粉碎机

本章介绍了自振式水射流粉碎机的研制以及相应的试验工作，包括将自激振动原理与后混合磨料射流结合起来研制出用于粉碎的自振射流喷头，通过试验对其关键参数进行优化，最后给出“自振式水射流粉碎机”的设计理论与方法。

3.1　自激振动磨料射流

3.1.1　基本思想

由于切割与粉碎的目的不同，因此用于切割和用于粉碎的要求与工况就会有很大的不同。如用于切割的磨料一般粒度都比较小且均匀，而粉碎的原料一般粒度分布范围宽，粒度大；由于粉碎要求产量要尽可能高，因此用于粉碎的功率要远远大于切割。这就必然导致用于粉碎的水射流与用于切割的水射流存在差别。一般来说，在用于粉碎时，由于磨料的粒径比较大，相应地要求自激振动装置的自振频率要有较宽的频带。

后混合磨料射流的工作原理是利用射流泵的原理，靠水射流的引射作用将磨料颗粒吸入混合室内，并卷入水射流中，再经过水射流加速形成磨料射流。根据作用方式的不同，可以把射流引射周围介质的作用分为以下几种情况：（1）分子间的能量交换；（2）由浓度差、温度差引起的能量、物质、动量交换；（3）由紊动扩散、黏性扩散等引起的交换；（4）由于黏性剪切力，射流带动周围介质的速度交换；同时原来射流内部表面附近的流体速度降低，切向速度间断面连续化，从而整体上使射流外部边界向外扩张；（5）周围介质被射流的大尺度结构（主要是大涡）卷入射流束内部的质量交换。

第（1）~（3）种情况所引起的交换和传输很少，可以忽略，而第（4）~（5）种情况则是最主要的作用形式。一般对于空气介质中的高压水射流，第（4）种情况占主要地位。在这种情况下，射流主要是通过带动周围介质来产生引射作用，但由于混合室内围绕高速射流束表面的微细波面运动速度很快，磨料粒子大都在黏性黏附作用下被带到磨料喷嘴处，再依靠扩散作用、机械挤压作用进入射流。这样，一是所能掺混的磨料量有限；二是由于同射流束内部相比，射流表面速度低，磨料粒子与载流体的相对速度低，因而加速度很低，最终所能获得的速度有限；三则由于磨料集中于射流表面，会对管壁产生很大的摩擦力，由此而造成的摩擦能量损失很大，且对磨料喷嘴的磨损也很大。

提高磨料粒子的速度有两种方法，一是提高射流本身的速度；二是使磨料粒子进入运动速度较高的射流中心，间接提高相对运动速度。显然，仅仅提高射流的运动速度，而磨料粒子仍位于射流束的表面，非但效果不理想，而且也不经济。而第二种方法可以在较低的压力（速度）下，使粒子获得较高的速度。另外，对于磨料射流，把磨料卷入射流束内部，还有一个非常重要的优点，就是保护喷嘴，减少由于磨损造成的动能损失。

因此，要提高后混合磨料水射流的性能和效率，既保证有足够的磨料卷入水射流中来，且得到有效、充分加速，又保证耗散于周围环境的无用功最小，保持水射流能量集中的特性，只能从第（5）种引射流机理入手。使射流产生和发展涡旋可以通过外界激励源进行调制和自激振动进行调制来实现。通过外界激励的方法来对射流剪切层进行作用，因为要附加一个激励源，这使得结构过于复杂，实际应用有困难。自激振动法是一种比较先进的调制方法，其结构比较简单，易于实现，而且工作比较可靠。

3.1.2　自激振动磨料引射原理

将自激振动的原理引进后混合磨料射流中，可以形成一种完全不同的新型射流，即自激振动磨料射流。图 3－1 给出了这种新型射流形成的原理。如图所示，当射流从水喷嘴出来后，由于扰动变形，其表面局部地方与磨料喷嘴碰撞。这种碰撞一方面加剧了射流束表面的变形，同时在这里产生压力瞬变，该瞬变波沿射流束向上游反射，到达水喷嘴时又与之碰撞，反弹回来，沿射流束射向下游传播，再与磨料喷嘴碰撞、反射。这样在射流束内部就形成了一个来回振荡的瞬变波。当该瞬变波的波峰与射流束表面的形变波波峰同时到达磨料喷嘴处时，这种振荡得到加强，形成正反馈，振荡越来越强，最后稳定于一个水平。而对于形变波波峰与振荡瞬变波波峰不能同步的，则被抑制。这样就间接地进行了振荡频率的选择，使射流稳定地运行在一定的频率上，射流束表面与之相对应形成一定波

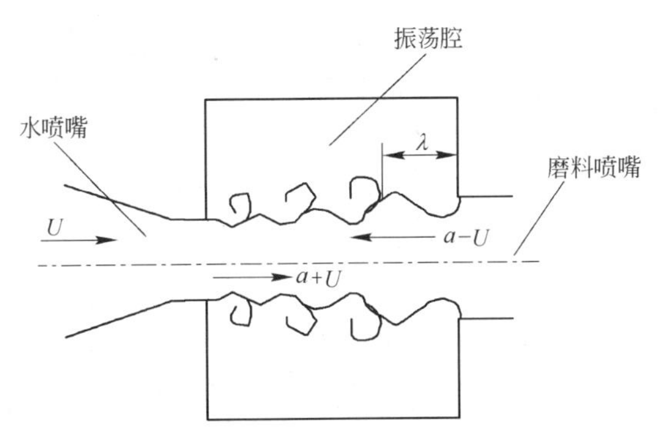

图 3－1　自激振动磨料引射原理

长的涡旋。当频率适中时，这些涡就足够大，在其到达磨料喷嘴时，与之碰撞挤压产生强烈的压力瞬变，一方面使来流减速，另一方面使下游流体加速，以高出常压许多倍的速度喷出去，这样就形成了自激振动。在碰撞过程中，大涡一方面把卷入其中的磨料带出去，把它下游的周围流体推出去，另一方面在其上游形成真空，使腔外流体进入其中，并由其上游与该涡邻近的大涡卷进来推出喷嘴。这样循环不断，连续工作，就形成了自激振动磨料射流。

自激振动磨料射流的原理可用下式来进一步说明[1]：

$$\frac{\lambda}{U_C}=\frac{N(L+b)}{a-U}+\frac{N(L+b)}{a+U} \tag{3-1}$$

式中，λ 为谐振波长；U_C 为谐波输送速度；a 为声速；U 为射流速度；L 为亥姆霍兹谐振腔的腔长；b 为瞬变压力波与孔壁碰撞时产生反射波的滞后时间；N 为振荡次数。

式（3-1）左边为一个完整的谐振波到与下游喷嘴碰撞所需的时间，如图3-1所示，右边为瞬变压力波向上游传播，然后再沿射流向下游传播 N 次所需的时间。也就是说，当一个位于射流束外层的涡波峰与位于射流束内部的来回振荡的瞬变波的波峰同时到达磨料喷嘴处时，振荡加强，相反则振荡减弱。在局部输送速度一定的条件下，也就间接地对波长进行了选择，亦即对谐振频率进行了选择。当谐振建立起来后，谐振波峰碰撞并挤出喷嘴时所产生的压力瞬变最大，该瞬变到达水喷嘴处碰撞所形成的扰动最大，该扰动经放大必将形成一个最大的涡，从而保证了腔内大涡个数的恒定，即保证了谐振频率的恒定。

3.2　粉碎用自激振动喷头

基于自激振动原理，设计了自振磨料射流喷头，其结构如图3-2所示。喷头由圆柱收敛型水射流喷嘴（上喷嘴）、亥姆霍兹谐振腔、下喷嘴（兼碰撞壁）、自激振动放大器、加料接口等部件组成。其中下喷嘴是一个圆台锥形薄片，其锥面的目的是加强产生自激振动的诱导作用。下喷嘴与放大器具有相同的直径 D_2。

自振磨料射流喷头的工作原理如图3-3所示。高压水通过上喷嘴形成一股稳定的高速水射流穿过亥姆霍兹谐振腔，由于流体的黏性作用，高速射流与腔内流体之间发生动量交换，从而产生具有一定厚度的射流剪切层，在剪切层内由于流体的速度梯度很大而产生涡旋。由于流场轴对称，涡旋以涡环的形式存在并向下游运动。在射流剪切层内存在着一定频率成分的轴对称扰动，当这些扰动随射流一起到达下喷嘴时，与下喷嘴的入口壁面发生碰撞，从而在碰撞区诱发一定频率的压力扰动波。

该压力扰动波以声速向上游运动反射至敏感的剪切层初始分离区，从而引起

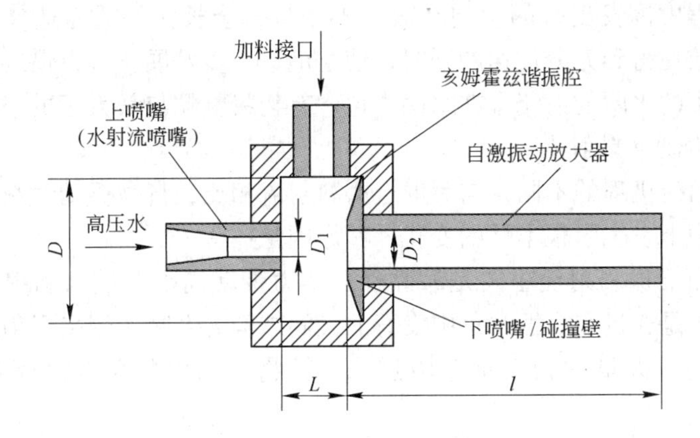

图 3-2 自振磨料射流喷头结构图

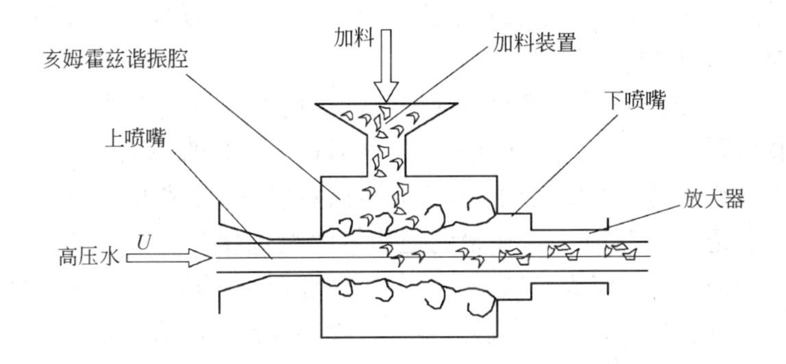

图 3-3 自振磨料射流喷头的工作原理

分离区产生新的涡量脉动。剪切层的内在不稳定性对扰动具有放大作用，但这种放大是有选择的，仅对一定频率范围内的扰动起放大作用。亥姆霍兹谐振腔起着简单谐振器的作用，其自然频率为 f，当压力扰动的频率接近这一自然频率时，该扰动就能在剪切层得到放大。经过放大的扰动向下游运动，再次与下喷嘴的入口壁面碰撞，又重复上述过程。这样，在撞击区便产生周期性扰动。由碰撞产生的扰动的逆向传播实际上是一种信号反馈现象。因此，上述过程构成了一个信号发生、反馈、放大的封闭回路，从而导致剪切层大幅度地振动，甚至波及射流核心，使射流变为断续的涡环流，由下喷嘴喷出的射流的速度呈周期性的变化。

在上述自激振动过程中，最终在振荡腔内形成了稳定在一定频率上的脉动压力场，射流束表面与之相对应形成了具有一定波长的涡旋。

由大涡卷入的物料颗粒通过下喷嘴进入放大器。由于大涡的存在，物料颗粒成群状分布。在放大器中，颗粒被自激振动所产生的脉冲逐次加速，同时在振荡腔的自振过程中诱发出来的空泡在放大器中进一步长大。适当选择放大器的长度，可使颗粒在得到充分加速的同时，使空泡进一步发展长大，最终形成了具有一连串断开了的水团的射流。在水团中包含有物料颗粒与长大了的空泡，即空化了的“自激振动磨料射流”。

由于引射流机理的不同，与后混合磨料射流相比，自激振动磨料射流在射流的质量和效率上发生了根本性的变化，其原因是：

（1）后混合磨料射流主要是靠黏性剪切力带动周围介质来引射物料；自振磨料射流主要是通过在自振过程中发育的大涡结构的卷吸作用来引射物料，大涡在滚动配对时，大量的物料被卷吸进来，其物料的引射率要高于后混合磨料射流。

（2）由于大涡的卷吸机理的滚动包卷，大涡在卷吸物料时，把磨料包在了射流束的内部，并搅混在一起，而且在一定的频率下，射流中的固体粒子有向中心聚集的趋势，这样磨料粒子就可以得到充分加速，同时减少对磨料喷嘴的磨损和由于摩擦而造成的能量损失。

（3）由于自激振动所形成的脉冲射流的速度要远远高于普通连续射流的速度，使得物料颗粒可一次又一次地在一个相对速度更高的环境中加速。在同样条件下，颗粒所获得的速度要远远高于在普通磨料射流中获得的速度。

（4）大涡卷吸物料时，一开始就把物料颗粒包卷在射流束内部，而不是附着在射流束表面，并经涡旋扩散进一步与主流混合在一起。在一定的频率下，粒子向射流中心漂移，同时由于大涡的存在，物料颗粒呈群状分布。

（5）自激振动将连续水射流调制成大结构的断续涡环流而产生空化，从而进一步提高了射流的冲蚀能力。

由此可知，自激振动磨料射流可以引射更多的物料，既将物料颗粒包卷在射流束内部并使其得到有效、充分的加速，又保证了耗散于周围环境的无用功最小，从而保持了水射流能量集中的特性，加之自激振动所产生的空化效应，使自激振动磨料射流的质量与效率均高于后混合磨料射流。

3.3 自振式水射流粉碎机

最早的自振式水射流粉碎机是于 1996 年在北京科技大学完成设计的[2]，于 1998 年取得了专利[3]。为了粉碎高硬度物料，粉碎机设计成对撞式，以解决靶材由于磨损而需要频繁更换的问题。粉碎机由两个相同的自振磨料射流喷头，相对放置在一个被称为粉碎室的封闭腔体内组成，其结构原理如图 3－4 所示。其部件包括：水箱，高压水泵，由上喷嘴、振荡腔、下喷嘴以及放大器组成的自振磨料射流喷头，粉碎室，出料装置，加料装置等。加料装置是一个以物料颗粒自重和流体压差为动力的自由输送机构，被粉碎的物料放在料斗中，由于振荡腔内的流体在自振过程中在腔内形成了一定的真空度，使加料斗与振荡腔之间存在一定的压力差，被粉碎物料通过气力输送由加料管进入振荡腔。两个喷头放大器间的距离是物理颗粒对撞的距离，称为靶距 s。由第 2 章中的湍射流红外热成像的研究可知，射流分段的特征尺度随射流压力有所变化。因此，将靶距设计成可以通过调节机构进行调整的形式。

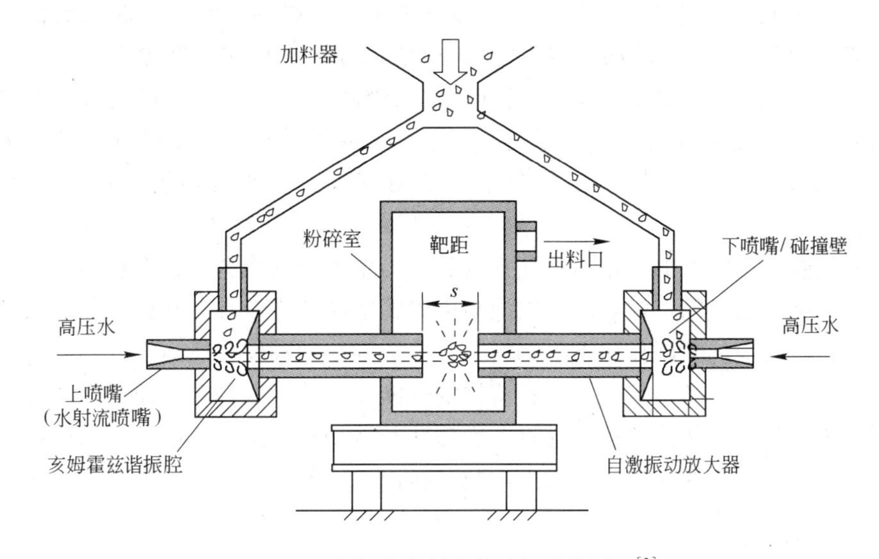

图 3－4　自振式水射流粉碎机结构原理[3]

如图 3－4 所示，来自水泵的高压水经上喷嘴转化为一股稳定的高速水射流射入振荡腔，由于流体的黏性而形成具有一定厚度的紊流剪切层，流体因剪切流动而产生旋涡。由于流场轴对称，涡流以涡环的形式存在并向下游运动。当在剪切层内以涡环形式存在的扰动与下喷嘴的入口壁面碰撞时，在碰撞区诱发一定频率的压力扰动波向上游传播，如果压力扰动的频率和振荡腔的固有频率接近，该扰动就能在剪切层内得到放大。经过放大的扰动向下游运动，再次与下喷嘴的入口壁面碰撞。上述过程形成了一个信号发生、反馈、放大的封闭回路，从而导致剪切层大幅度地振动，在腔内形成了一个脉动压力场，使射流变为断续的涡环流。

流体自激振动所形成的大结构涡环流可以促进空化作用。当参数选择适当时，旋涡中心的压力和脉动压力场中低压区的压力就会降得足够低，使空泡初生。在吸入物料过程中，颗粒会将空气带入振荡腔。带入的空气扩散到空化区的液流中时会提供许多气核，使空化数进一步降低，这是由于空泡内的压力不为蒸汽压力，相当于使水的饱和蒸汽压力增大的缘故。因此，引入的空气将进一步增强空化作用。产生的这些空泡以微粒状任意分布在射流结构中，因此射流即是脉冲的，又含有大量的空泡。

在上述自激振动过程中，最终在振荡腔内形成了稳定在一定频率上的脉动压力场，在射流束的表面形成了一定波长的涡旋。当频率适中时，这些涡就足够大，大涡在旋转时把颗粒卷吸进来并包在射流束内部。在碰撞过程中大涡一方面把卷入其中的颗粒推出下喷嘴，另一方面在其上游形成真空，使物料进入振荡腔，由其上游与该涡邻近的大涡卷进来推出上喷嘴。形成的磨料流由上喷嘴进入放大器。由于大涡的存在，颗粒成群状分布。在放大器中，颗粒被自激振动所产生的脉冲逐次加速。适当选择放大器的长度，可使颗粒在得到充分加速的同时，也使空泡初生进一步长大，最终形成了具有一连串断开了的水团的射流。水团中含有物料颗粒与空泡，是由气、固、液三相组成的脉冲空化射流。

从在同一轴线上的自振射流喷头的放大器中喷出的物料颗粒在粉碎室中相互碰撞，在脉冲射流的水锤效应、空泡溃灭时的空蚀效应以及脉冲射流的动载荷所形成的水楔效应的共同作用下，物料被粉碎成细小的颗粒。适当设计粉碎室的结构与形状，使其具备一定的水力旋流器的性能，碰撞后的颗粒流便可在压差的作用下形成强烈的多相湍流场，通过二次碰撞与剪切作用进一步破碎。粉碎后达到要求的细颗粒由设在粉碎室上部的出料口排出。

3.4 粉碎机理

高压水射流对材料的破碎作用主要有颗粒与靶物之间和颗粒之间的冲击作用、水射流的冲击、脉冲射流所形成的水锤压力、自激振动产生的空化作用以及粉碎场压力的不均匀性所形成的水楔作用等。水射流一般为声速或超声速，且具有极高的能量密度，在水射流的冲击下，材料的破碎方式为解理性破碎。因此，利用水射流粉碎工艺制备的粉体具有很高的纯度，可以保持颗粒的原始结晶形貌。下面对水射流粉碎特点与粉碎机理进行分析。

3.4.1 冲击作用

高压水射流的工作压力一般均在100MPa以上。因此，水射流一般具有很高的速度。射流速度一般指收敛喷嘴的出口速度，可由伯努利（Bernoulli）方程与连续性方程，按孔口出流问题得到理论解。在不计压力损失的情况下，水射流出口速度的理论解为[4]：

$$u = C\sqrt{2p/\rho} \tag{3-2}$$

式中，u 为水射流出口速度，m/s；p 为射流压力，Pa；ρ 为水的密度，kg/m^3；C 为喷嘴的速度系数。

与空气相比，水的密度要大得多，因而水射流具有速度高、能量密度大的特点。

连续射流对靶体的冲击压力是不随时间变化的恒定压力，即所谓滞止压力。相对于脉冲载荷而言，滞止压力相当于外界对被粉碎的颗粒所施加的恒定载荷。滞止压力同样可以沿射流流线至靶物的流线应用伯努利方程得到：

$$p_s = \frac{1}{2}\rho u^2 \tag{3-3}$$

式中，p_s 为水射流的滞止压力，Pa；ρ 为颗粒密度，kg/m^3；u 为水射流的速度，m/s。

水射流的滞止压力，描述了连续射流对颗粒的冲击作用。

在水射流粉碎过程中，除了水射流对颗粒的冲击作用外，还有颗粒与靶物以及颗粒之间的冲击作用，这是更为重要的两种颗粒的破碎形式。对于颗粒冲击刚性靶的情况，可以做出如下的假设[5]，即颗粒是柱状的，与靶物进行正碰撞，撞击发生时，在撞击面上产生一应力波，这个扰动在靶物上沿着 x 正向传播，在颗粒中沿着 x 的反方向传播。颗粒与靶物的冲击如图 3-5 所示。根据连续性条件可知，在冲击界面上，颗粒与靶物的波后质点速度相同。由于靶物的质量、面积和刚性都远远大于颗粒，因此靶物表面质点的速度几乎为零，所以颗粒的波后质点速度也为零。根据动量守恒条件，可得脉冲射流的瞬时打击力为：

$$p_H = \rho_p c u_p \tag{3-4}$$

式中，p_H 为颗粒的冲击压力，Pa；ρ_p 为颗粒密度，kg/m^3；c 为颗粒中的波速，m/s；u_p 为颗粒的冲击速度，m/s，$u_p = \zeta u$，其中 ζ 为颗粒加速比例系数，$0 < \zeta \leq 1$。

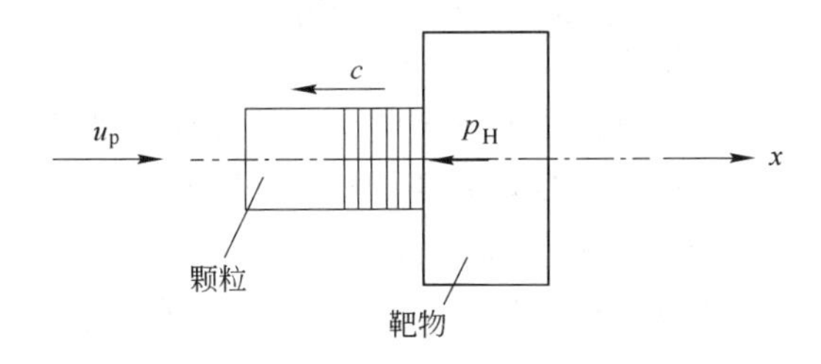

图 3-5 颗粒与靶物的冲击

由式（3-4）可知，颗粒对靶物的冲击力与颗粒的速度、颗粒中的波速以及颗粒的密度成正比。当水射流的压力为 50MPa 时，则对于设计较好的喷嘴，根据式（2-31），水射流的速度为 316m/s。由式（3-3）算得水射流所产生的

滞止压力 $p_s = 49.93\text{MPa}$，由于存在着速度损失而略低于水射流压力。除去在最初的瞬间外，连续射流对靶体的冲击力是不随时间变化的恒定压力。与连续射流不同，脉冲射流所形成的打击力是水锤压力，其远大于连续射流的滞止压力，并且间断冲击能够有效地避免连续射流的“水垫”现象。设颗粒加速比例系数为0.7，一般非金属颗粒的波速在4000m/s左右，密度在3000kg/m^{3}左右，则由式（3－4）算得颗粒的水锤压力为2654.4MPa，是系统压力或水射流滞止压力的53倍以上。

对于颗粒之间的碰撞，由于颗粒的大小、形状不同，因而建立一般意义下的理论模型要复杂得多。然而，可假设两颗粒的体积、质量均在同一数量级上，颗粒具有相同的弹性模量与波速，两颗粒的形状为不规则的圆形，则单颗粒的对撞过程可用图3－6来描述。对脉冲水射流打击靶体的问题，水锤压力的计算公式通常都引用RanKine-Hugoniot方程。设颗粒为非刚性体系，则水锤压力的计算公式为[6]：

$$p_W = \frac{\rho_p c u_{2p}}{1 + (\rho_p c / \rho_s c_s)} \tag{3-5}$$

式中，ρ_s 为靶材密度；c_s 为靶材中声速。

对于两个材质相同的颗粒相撞的情况，有：

$$\rho_p = \rho_s, c = c_s, u_{2p} = 2u_p \tag{3-6}$$

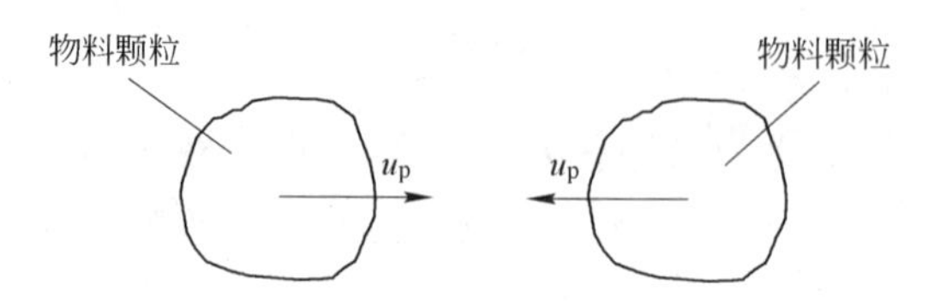

图3－6 颗粒之间的对撞

将式（3－6）代入式（3－5），即可得出两个材质相同、外形相似、体积相当且具有大小相等、方向相反的速度的颗粒相撞的近似计算公式，其与单颗粒冲击靶物的冲击力计算式（3－5）具有相同的形式。

由上述分析可知，由水射流加速颗粒而形成的颗粒与靶物之间以及颗粒相互之间的冲击力，要远远大于水射流的静压力和连续的水射流冲击颗粒的滞止压力。

3.4.2 空化作用

在自激振动过程中，原先射流剪切层中无规则的涡流变成强度集中的有序涡列，即脉动压力场。自激振动形成的大结构涡环流可以促进空化作用。若下喷嘴的进口压力（来流压力）为 p_1，该温度下水、气混合液的饱和蒸汽压力为 p_v，射流速度为 u，则空化数 σ 可表示为[7]：

$$\sigma = \frac{p_1 - p_v}{\frac{\rho u^2}{2}} \tag{3-7}$$

当水流经下喷嘴时，其进口压力为振荡腔内最低且液流在下喷嘴及放大器内得以加速，故使空化数 σ 降低。当 $\sigma \leqslant \sigma_i$（空化初生时的空化数）时，必然会出现稳定的空化。如果参数选择适当，振荡腔内脉动压力场的低压旋涡区及旋涡中心的压力就会降得足够低，空泡就会初生。另外，在吸入物料颗粒的过程中，由于颗粒是非连续的，因此会将空气带到振荡腔中。引进的空气扩散到空化区的液流中，会提供许多气核，使空化数进一步降低。这是由于空泡内的压力高于水的饱和蒸汽压力，相当于将水的饱和蒸汽压力 p_v 提高，从而导致空化数 σ 进一步降低，空化程度则进一步增大。产生的这些空泡以微粒状任意分布在射流结构中，并且大涡的核心也是气体或蒸汽。因此，射流既是脉冲的，又含有大量的空泡。

自激振动形成的涡环流会形成粉碎场中不同的高压区与低压区。低压区的空泡会初生并发育长大。水射流粉碎颗粒的空蚀效应可从两个方面来描述:(1) 当颗粒从高压区进入低压区时,会由于巨大的压力差而导致颗粒卸载破坏。(2) 当低压区的空泡运动到高压区内时，空泡会溃灭并产生微射流，形成巨大的空蚀力而进一步导致颗粒的破碎。

水射流粉碎场中的空化作用的原理可用图 3-7 来表示，即由于来流压力的脉动，当满足式（3-7）的条件时，空泡会在低压区初生、发育并长大，当到达高压区后，空泡会溃灭并瞬时产生压力极高的微射流，导致颗粒的解理破坏。

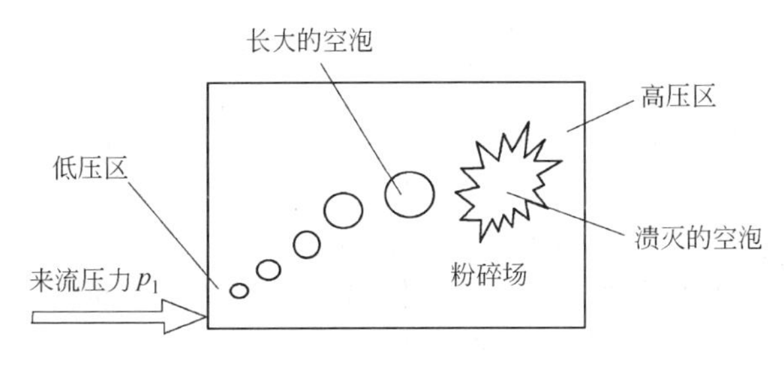

图 3-7 水射流粉碎的空化作用

在粉碎场的低压区产生的空泡到达高压区溃灭时，所形成的空蚀压力 p_i 与

连续射流滞止压力 p_s 的关系为：

$$p_i = \frac{p_s}{635}[\exp(2/3a)] \tag{3-8}$$

式中，a 为空泡中气体含量，一般情况下 $a=1/6\sim1/10$。于是有 $p_i=(8.6\sim124)p_s$，p_s 为式（3－8）表达的水射流的滞止压力。因此从理论上说，空化作用的冲击压力是连续射流滞止压力或系统压力的 8.6～124 倍。由此可知，粉碎场中的空化作用对于材料更具有破坏性。选择适当自激振动喷头的结构参数，提高射流压力的脉动性，可以更有效地利用射流的能量，从而提高粉碎效率。

3.4.3 水楔作用

当水射流的滞止压力低于颗粒的抗压强度时，滞止压力虽然不能使颗粒压缩破坏，但能迫使水进入颗粒表面上的裂纹内，在裂纹内产生水楔作用，如图 3－8 所示。当水楔作用于裂纹表面上的压力足以克服裂纹尖端的黏着力时，便会使颗粒粉碎。这就是水射流对颗粒的冲击，能使压缩粉碎转变为拉伸破碎的原理。一般岩石的抗压强度比抗拉强度大 16～80 倍，所以水射流能在压力低于岩石抗压强度的情况下破碎岩石。例如，用 70MPa 的高压水射流能够切割抗压强度为 210MPa 的花岗岩[8]。

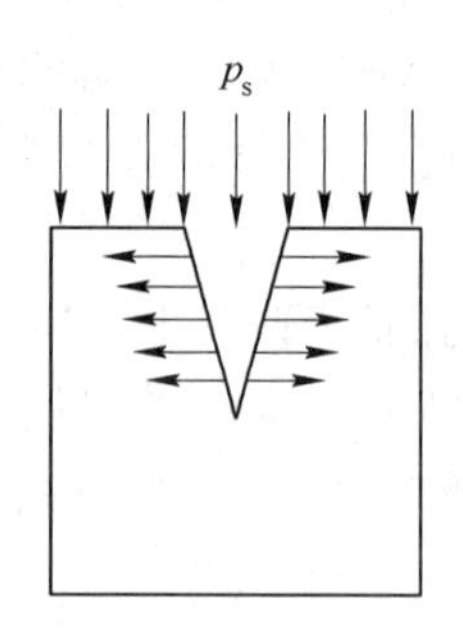

图 3－8 水楔粉碎模型

根据拉伸－水楔破岩理论，水楔作用还可以进一步解释为：水射流冲击岩石时，除了压应力外，还会出现很大的拉应力与剪应力。脆性材料的抗拉与抗剪强度要远小于其抗压强度，因此冲击产生的压应力虽然达不到岩石的抗压强度，而拉应力与剪应力却分别超过了岩石的抗拉与抗剪强度，从而在岩石中形成裂隙。裂隙形成和汇交后，水射流将进入裂隙空间，在水楔的作用下，裂隙尖端产生拉应力集中，它使裂隙迅速发展和扩大，致使岩石破碎。

产生水楔作用的另一种原因是，空化现象使得粉碎场中存在着空泡所形成的低压区。当颗粒处于高压区时，其外表和内部裂纹表面都受到水压力的作用。当高压区的颗粒进入空泡形成的低压区时，颗粒外表面受到的压力突然变为接近于零。而颗粒内部裂纹表面所受的水压力还没有来得及完全释放，从而产生所谓的卸载效应，形成水楔拉伸作用，致使颗粒粉碎。另外，粉碎场中压力的不均匀性与压力的脉动性也会类似空化现象而产生水楔作用。

水射流的上述粉碎作用均为解理性粉碎。由此可知，采用高压水射流粉碎工艺，在降低粉碎能耗的同时，还可以制备高质量的超细粉体。水射流粉碎的这些特点，在水射流超细粉碎云母粉的试验与工业应用中得到了进一步的证实。

3.5 粉碎机参数的单因素试验

自振式水射流粉碎是一个包括多相流动、自激振动、冲击动力学、断裂力学、材料的超细粉碎与选矿等多学科的复杂过程。因此，开展实验研究是十分必要的。本节以粉碎机产率为考察指标，对粉碎机的结构参数进行单因素试验研究。

3.5.1 试验条件

生产永磁铁氧体所需的氧化铁原料主要有铁红、铁精矿和轧钢铁鳞。由于铁鳞价格低、来源广泛，因此用铁鳞代替铁红生产永磁铁氧体使成本大大下降，促进了永磁铁氧体的发展。我国生产永磁铁氧体所用的氧化铁原料主要为轧钢铁鳞。目前铁鳞的粉碎主要采用球磨工艺，存在的问题较多。应用水射流粉碎铁鳞是一个改进工艺的途径。在这里，首先介绍在实验室利用粉碎铁鳞来建立粉碎机产率与粉碎机结构参数间的实验研究。

铁鳞原料的粒度为0.10～3.0mm，水射流工作压力为45MPa，高压水泵流量为75L/min，粉碎机输入功率为75kW，考察指标为200目（75μm）以下细粒的产率。试验方法为：在水射流粉碎机稳态工作的情况下收集试样，采用湿式筛分法测定粒度分布，即首先将现场的取样进行湿法筛分，再将每一粒级的物料干燥和称重，然后将各粒级物料的质量与总试样质量相除，得出各级的产率，将某一粒级以下的所有产率相加就得到累积产率。试验所采用的自振射流喷头及水射流粉碎机如图3－2与图3－4所示，试验因素包括：振荡腔直径 D（mm）、下喷嘴直径 D_2（mm）、振荡腔长度 L（mm）、放大器长度 l（mm）。试验中，上喷嘴的收敛角为13°，上喷嘴直径 D_1 为1.4mm，并在试验过程中保持不变。

在试验中，由于参与的因素物理意义不同，其数值的量级有较大的差异。为了反映这些不同物理背景下的参数在同一个系统中的相互关系，根据有关实验理论，首先需要将实验数据进行归一化处理。所谓的归一化，就是在对实验结果进行分析的过程中，将实验数据变换成［0，1］区间的数，采用的变换规则为：

$$y=\frac{x-a}{b-a} \tag{3-9}$$

式中，x 为原实验数据；y 为变换后［0，1］区间上的归一化数据；［a，b］为 x 可能的取值范围。

在本节下面的分析中，均采用了经归一化处理的实验数据，即所有的实验数据均为无量纲数，以下不再一一说明。

3.5.2　产率与振荡腔直径的关系

粉碎机产率与振荡腔直径关系的实验数据及多项式拟合曲线如图 3－9 所示。由图可见，当振荡腔直径小于 0.2391 时，粉碎机产率随振荡腔直径的增加而略有增加。在超过 0.2391 之后，粉碎机产率迅速上升。当振荡腔直径等于 0.3478 时，产率达到最大值。当振荡腔直径在 0.3478～0.4565 时，产率随振荡腔直径的增加而下降。当振荡腔直径大于 0.4565 时，粉碎机产率随振荡腔直径的增加而迅速下降。由此可知，振荡腔直径有一最优值，对应这一最优值，粉碎机的产率达到最大。根据上面的分析结果，振荡腔直径的这一最优值应当在区间 0.2935～0.4022 之中。粉碎机产率 y 与振荡腔直径 D 之间关系的拟合公式如下：

$$y = 0.39 - 3.51D + 81.55D^2 + 841.46D^3 + 4546.22D^4 + 13512.60D^5 + 22154.56D^6 + 18712.80D^7 + 1309.15D^8 \quad (3-10)$$

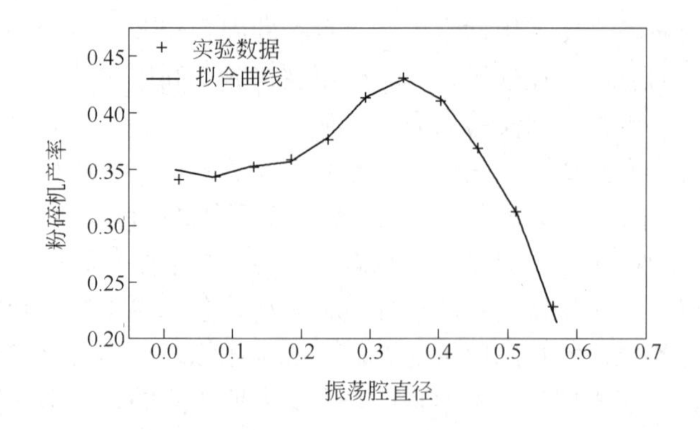

图 3－9　粉碎机产率与振荡腔直径的实验数据及拟合曲线

3.5.3　产率与振荡腔长度的关系

粉碎机产率与振荡腔长度关系的实验数据及拟合曲线如图 3－10 所示。由图可见，当振荡腔长度小于 0.1304 时，产率几乎保持不变；腔长大于 0.1304 时，产率随振荡腔长度的增加而迅速增加，当腔长为 0.2174 时，产率达到最大值；腔长大于 0.2074 时，产率随着振荡腔长度的增加而缓慢下降；当腔长超过 0.2609 时，产率随腔长的增加迅速下降。由实验结果可得到振荡腔长度的最优区间为 0.1739 ~ 0.2609，振荡腔长的最佳值应在这一区间之内。粉碎机产率 y 与振荡腔长度 L 之间的拟合关系如下：

$$y = 0.38 + 3.91L + 232.04L^2 + 4615.24L^3 + 43351.92L^4 + 213527.77L^5 + 568520.07L^6 + 776648.05L^7 + 427564.05L^8 \quad (3-11)$$

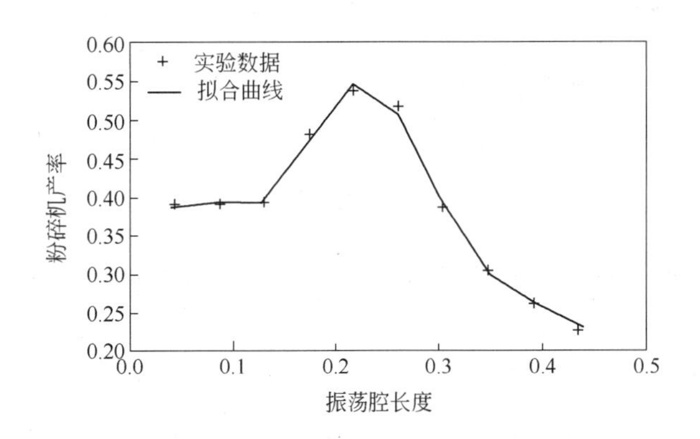

图 3-10　粉碎机产率与振荡腔长度的实验数据及拟合曲线

3.5.4　放大器直径对产率的影响

粉碎机产率与放大器直径关系的实验数据及拟合曲线如图 3-11 所示。由图可见，当放大器直径在 0.1765 ~ 0.4118 时，粉碎机的产率比较高。当放大器直径小于 0.1765 时，粉碎机的产率随着直径的减小而迅速降低。这是由于在给料粒度为 0.1 ~ 3.0mm 的情况下，当放大器直径过小时，会导致水射流在放大器中不能畅通，颗粒在放大器中无法得到充分加速，因而严重影响了自振式粉碎机的自吸能力，甚至发生堵塞现象，从而使得粉碎机无法正常工作而导致产率的下降。当放大器直径大于 0.4118 时，粉碎机产率随放大器直径的增加而下降，这是由于放大器直径过大时，由放大器喷出的射流发散比较严重，因此粉碎机的产率下降。对应于上述给料粒度，放大器直径的最优区间为 0.1765 ~ 0.4118。

由实验结果得出的结论是：放大器（或下喷嘴）的直径不仅与上喷嘴（或水喷嘴）的直径有关，而且与给料粒度有关，在某种程度上说，与给料粒度的关系更大，即必须适应于比较大的给料粒度分布区间和尽可能大的给料粒度，这正是粉碎的特殊性所在。放大器（或下喷嘴）的直径与给料粒度的关系为：放大器直径应大于或等于最大给料粒度的 2 倍以上。粉碎机产率与放大器直径间的拟合关系如下式所示：

$$y = 0.33 + 7.95D_2 + 21.03D_2^2 + 15.35D_2^3 \quad (3-12)$$

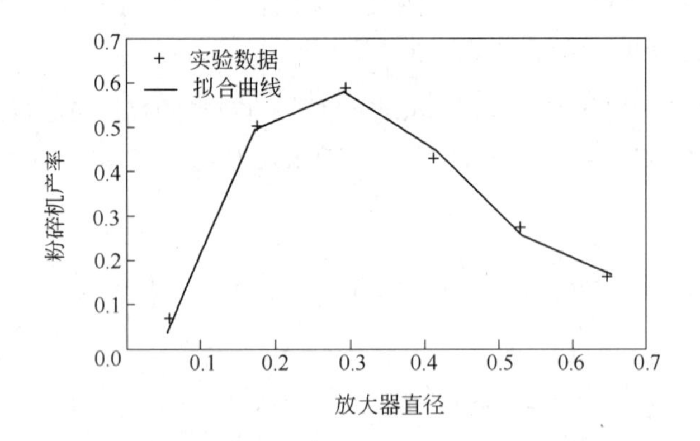

图 3-11 粉碎机产率与放大器直径的实验数据及拟合曲线

3.5.5 产率与放大器长度的关系

粉碎机产率与放大器长度关系的实验数据及拟合曲线如图 3-12 所示。由图可见，当放大器长度在 0.0667 ~ 0.1667 时，粉碎机产率几乎保持不变。当放大器长度在 0.1667 ~ 0.2333 时，粉碎机的产率随放大器长度的增加上升很快，当放大器长度为 0.2667 时，产率达到极值点。当放大器长度大于 0.2333 时，粉碎机产率随放大器长度的增加而迅速下降。这说明对应于固定的给料粒度，颗粒需要一定的加速距离，当放大器长度合适时，颗粒可得到充分的加速，与此同时，在自激振动过程中产生的空泡也可以得到充分长大，从而可以得到较高的粉碎机产率。但当放大器长度过长时，由于摩擦阻力的增加而产生能量的耗散，从而导致了粉碎机产率的下降。对于过短的放大器长度，由于颗粒没有充分的加速距离，因而粉碎机的产率也比较低。根据实验结果可得放大器长度的最优区间为

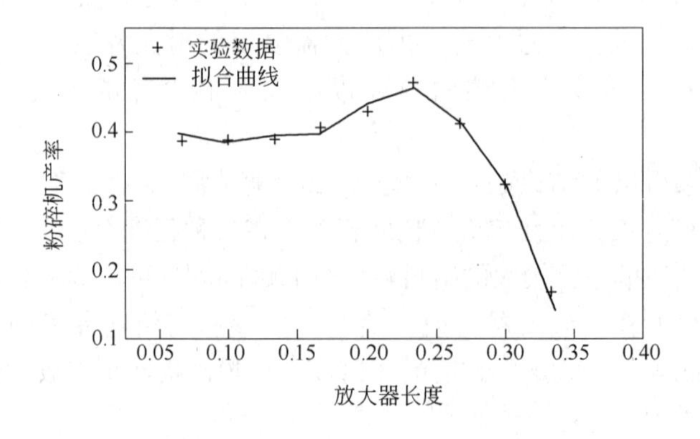

图 3-12 粉碎机产率与放大器长度的实验数据及拟合曲线

0.2～0.2667。粉碎机产率与放大器长度间的拟合关系如下式所示：

$$y = 4.89 + 21.45l + 4154.86l^2 + 42030.74l^3 + 241575l^4 + 791210.60l^5 + 1.37l^6 + 980689l^7 \quad (3-13)$$

3.5.6 产率与靶距的关系

粉碎机产率与靶距关系的实验数据及拟合曲线如图3－13所示。由图可见，在靶距小于0.3时，粉碎机的产率随靶距的增加逐渐增加。当靶距超过0.3时，粉碎机产率随着靶距的增加迅速下降。当靶距为0.3时，产率达到最大值。当靶距过小时，在自激振动过程中产生的空泡尚未充分发展就溃灭了，可能没有空蚀作用或者空蚀作用很轻微。当靶距过大时，空泡虽已发育长大，但在粒子未发生撞击前就已经溃灭了。另外，粉碎室内是淹没状态，射流的轴心速度衰减与1/s（s为靶距）成正比[9]。因此当靶距过大时，射流轴心速度衰减得快，由此而导致粉碎机产率下降的幅度比较大。根据实验结果可得到靶距的最优区间为0.25～0.35，在此区内由自激振动所产生的空化作用的效果最佳，此时粉碎作用的产生，除去粒子间的撞击外，还附加了一个空化作用，这是当靶距在这一区间内时粉碎机产率较高的主要原因。粉碎机产率y与靶距s的拟合关系如下式所示：

$$y = 0.46 + 0.29s + 4.77s^2 + 48.09s^3 + 149.31s^4 + 131.45s^5 \quad (3-14)$$

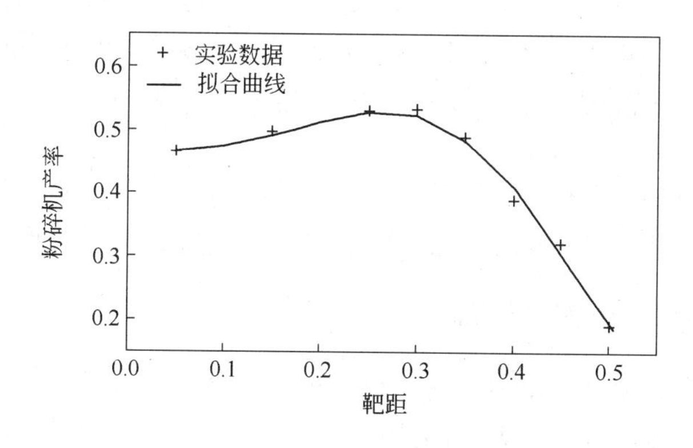

图3－13 粉碎机产率与靶距的实验数据及拟合曲线

3.6 给料粒度与产率的关系

当用三种粒度不同的铁鳞作为原料时，自振式水射流的粉碎机200目（75μm）细粒产率与给料粒度的关系如图3－14所示。由图可见，当给料粒度为0.1～1.0mm时，粉碎效果较好，200目细粒产率高达44.34%。当给料粒度为

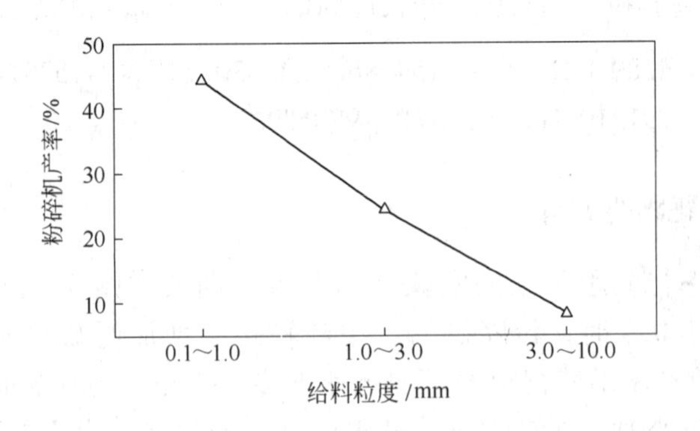

图 3-14　粉碎机产率与给料粒度的实验数据及拟合曲线

1.0~3.0mm、3.0~10.0mm 时，粉碎机的产率随给料粒度的增大而减小。这是由于铁鳞呈片状，其厚度为 1.0mm 左右，当铁鳞的粒度为 0.1~1.0mm 时，铁鳞颗粒的形状近似为球形；当铁鳞的粒度大于 1mm 时，铁鳞呈片状，特别是当铁鳞的粒度为 3.0~10.0mm 时，铁鳞呈薄片状。由在流体中运动颗粒的受力分析可知，颗粒在流体中所受的轴向阻力 T 可表示为[10]：

$$T = C_D S\rho(u - u_p)^2 \tag{3-15}$$

式中，C_D 为颗粒的阻力系数，随颗粒的形状和雷诺数而异，当雷诺数很大时，只随着形状变化，在高速水射流中，C_D 可看成是与颗粒形状有关的常数，对于球形颗粒，$C_D=0.42$，对于垂直圆盘颗粒，$C_D=1$；S 为颗粒的横向面积，m^2；ρ 为水射流的密度，kg/m^3；u 水射流速度，m/s；u_p 为颗粒的轴向速度，m/s。

由式（3-15）可知，球形颗粒的阻力系数要小于片状颗粒，这就是当铁鳞原料的粒度为 0.1~1.0mm 时，粉碎机的产率非常高的主要原因之一。

3.7　粉碎机的性能对比试验

为了验证自激振动式水射流粉碎机的粉碎效果，进行了在三种不同给料粒度下的自振式水射流粉碎机与普通的后混合式水射流粉碎机的对比试验。方法是将自振式水射流粉碎机的亥姆霍兹谐振腔换成与放大器直径相同的腔体，即成为利用普通引射原理的后混合式磨料射流喷头（见图 3-2）。试验的条件为：射流压力 45MPa，流量 75L/min，高压水泵功率 75kW。原料为去油铁鳞，粒度为 0.10~1.0mm、1.0~3.0mm、3.0~10.0mm 三种。试验的考察指标为 200 目（75μm）以下两种粉碎机的细粒产率。

两种水射流粉碎机在不同粒度下的 200 目细粒产率如图 3-15 所示。由图可见，对应于三种不同给料粒度下的 200 目细粒产率，自振式水射流粉碎机均高于后混合式水射流粉碎机。当给料粒度为0.10～1.0mm时，两种粉碎机的产率的差别比较大，后混合式水射流粉碎机为27.10%、自振式水射流粉碎机为44.34%，为前者的1.64倍。当给料粒度为1.0～3.0mm时，自振式水射流粉碎机的产率是后混合式的2.51倍。当给料粒度为3.0～10.0mm时，自振式水射流粉碎机的产率是后混合式的1.31倍，其差别不如给料粒度较小的情况。这是由于当铁鳞原料粒度大于3mm时，铁鳞呈片状，在这种情况下，两种形式的水射流粉碎机都不能很好地将其加速的缘故。

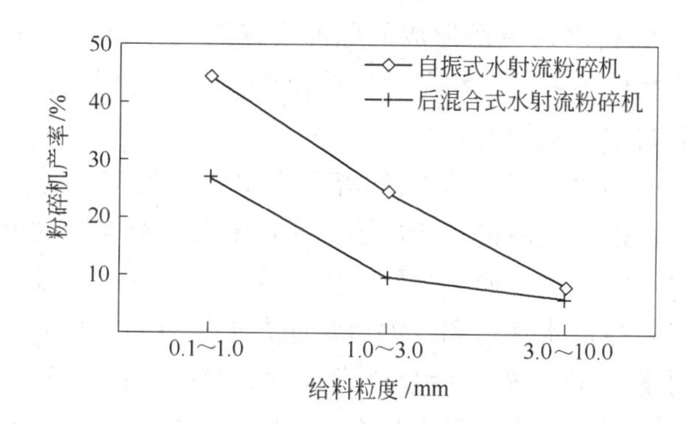

图3－15 自振式与后混合式水射流粉碎机性能比较试验

特别是当给料粒度为1.0～3.0mm时，自振式水射流粉碎机的产率与后混合式水射流粉碎机的产率差别最大，其原因是两者的引射机理不同。后混合式磨料射流主要是靠黏性剪切力引射物料，由于引射的水射流的速度已经很高，物料颗粒仅能附着在水射流的边界层，很难进入水射流流束的中心。当颗粒的粒度较大时，在水射流外边界的磨料粒子对于磨料喷嘴的摩擦力将增大，即水射流的能量损失将增大，这便是后混合式水射流粉碎机的产率下降较大的原因。而自振式水射流粉碎机是靠在自激振动过程中发育的大涡结构卷吸物料，由于大涡的卷吸机理是滚动包卷，可将引射进来的物料包卷在射流束的内部，从而避免了上述情况的发生，这即是自振式水射流粉碎机此时仍能保持较高产率的原因。在原料粒度为1.0～3.0mm的条件下，自振式水射流粉碎机与后混合式水射流粉碎机的产率的差别最大，为后者的2.51倍，这正说明了自激振动磨料射流对普通后混合磨料射流的优势所在。

在试验中所研制的自振式水射流粉碎机的设计最大给料粒度为不大于3mm，在对比试验中所使用的后混式水射流粉碎机的设计最大给料粒度也为不大于3mm。因此当给料粒度为3.0～10.0mm时，属于非正常情况，这时两种水射流粉碎机都无法正常工作，因此两者的产率都比较小，但自振式水射流粉碎机的产率仍高于后混合式，是后者的1.31倍。

3.8 粉碎机的性能评价

通过自振式水射流粉碎机与后混合式水射流粉碎机的对比试验、不同给料粒度的试验以及单因素试验，可以了解到：

（1）由于引进了自激振动，使后混合磨料水射流发生了质的变化，即自激振动磨料水射流是靠大结构的涡旋将物料卷入射流束内部，从根本上改善了磨料与水的混合效果，使得颗粒可被水射流充分加速，提高了物料的卷吸率，减少了对磨料喷嘴的磨损以及由于摩擦而造成的能量损失，因而具有更高的能量效率。

（2）自激振动磨料水射流所形成的脉冲可使磨料颗粒在一个相对速度更高的环境中加速。在相同条件下，与普通后混合磨料水射流相比，自激振动磨料射流可使物料颗粒获得更高的速度。

（3）自激振动所产生的大结构涡环流可产生空化效应，这个空化效应被由磨料粒子带入振荡腔的空气所进一步加强，即自激振动磨料水射流所形成的射流既具有脉冲性又具有空化的性质，是气、固、液三相组成的脉冲空化射流，当其作用在靶物上时，产生的水锤力和空蚀力要远大于普通磨料射流的恒定压力。

（4）自振式水射流粉碎机与后混合式水射流粉碎机的复杂程度处在同一水平上，然而在粉碎效率上却有了很大的提高。同时，自振式水射流粉碎机也具有后混合式水射流粉碎机的结构简单、工作可靠、可连续作业、处理量大、易于操作与维护的特点。因此，自振式水射流粉碎机是一种技术先进、工作可靠、节能高效、易于普及和推广的超细粉碎设备。

（5）振荡腔直径的最优区间为 0.2935 ~ 0.4022，振荡腔长度的最优区间为 0.1739 ~ 0.2609；放大器的直径应大于或等于最大给料粒度的 2 倍，放大器长度的最优值在区间为 0.2 ~ 0.2667 之内；靶距与射流冲蚀能力的关系比较复杂，最优靶距的确定应与下列几个因素有关，即：放大器直径、空化效应、给料粒度以及粉碎室内的淹没射流的环境压力等。在本试验中，在给料粒度为 0.1 ~ 3.0mm，放大器直径为 0.4118 的条件下，靶距的最优区间为 0.2 ~ 0.3；给料粒度对产率的影响较大，两者之间基本上成线性关系，随着给料粒度的增加，产率下降。用允许最大给料粒度相同的自振式水射流粉碎机与后混合式水射流粉碎机做对比试验，其结果表明，在不同给料粒度下，自振式水射流粉碎机的产率均高于后混合式水射流粉碎机的产率，最大为后混合式的 2.51 倍。

参 考 文 献

[1] 李晓红，等．自激振动磨料射流的研究［J］．中国安全科学学报，1995（S1）：

161 ~ 165.

[2] 宫伟力. 自振式水射流理论与水射流超细粉碎技术的研究 [D]. 北京: 北京科技大学, 1999.

[3] 方湄, 宫伟力. 自振式水射流超细粉碎机: 中国, 98248771.1 [P]. 1999 - 10 - 27.

[4] 宫伟力, 安里千, 李波. 高压水射流超细粉碎的机理 [J]. 中国粉体技术, 2001, 7 (专辑): 119 ~ 124.

[5] 方湄, 江山, 宫伟力. 水射流粉碎颗粒机理 [C]. 中国颗粒学会首届年会学术论文集, 1997, 9: 56 ~ 73.

[6] 孙家骏. 水射流切割技术 [M]. 徐州: 中国矿业大学出版社, 1992.

[7] 唐川林, 廖振方, 等. 自激振动空化水射流的研究 [J]. 高压水射流, 1988 (3): 39 ~ 35.

[8] Mazurkiewicz M, 等. 高压水射流辅助破碎煤和岩石 [C]. 第 18 届国际选矿会议论文集, 1993, 1: 134 ~ 148.

[9] 崔谟慎, 孙家骏. 高压水射流技术 [M]. 北京: 煤炭工业出版社, 1993.

[10] 郭烈锦. 两相与多相流动力学 [M]. 西安: 西安交通大学出版社, 2002.

4　粉碎机参数优化

在第3章进行的用自振式水射流粉碎机粉碎铁鳞的单因素试验中，我们得到了粉碎机200目（75μm）以下细粒产率与粉碎机各个试验参数之间的关系。本章进行的正交试验的目的是为了得到自振式水射流粉碎机的最优方案以及粉碎机的各个参数对粉碎机产率影响的主次关系。

4.1　试验方案

粉碎原料为去油铁鳞。铁鳞原料的粒度为0.10～3.0mm，水射流工作压力为45MPa，高压水泵流量为75L/min，粉碎机输入功率为75kW，考察指标为200目（75μm）以下细粒的产率。试验方法为：在水射流粉碎机稳态工作的情况下收集试样，粒度分布测定采用湿式筛分法，即首先将现场的取样进行湿法筛分，再将每一粒级的物料干燥和称重，然后将各粒级物料的质量与总试样质量相除，得出各级的产率，将某一粒级以下的所有产率相加就得到累积产率。正交试验的考察指标为200目（75μm）以下的细粒的产率。

试验为三水平的正交试验。共选取了5个因素，分别为：振荡腔直径 D_0，振荡腔长度 L、放大器直径 D_2、放大器长度 l 和靶距 s。对每一个因素都取3个水平；同时还考虑放大器直径与振荡腔直径之间（$D_2 \times D_0$）、放大器直径与振荡腔长度之间（$D_2 \times L$）、放大器直径与放大器长度（$D_2 \times l$）之间共3个交互作用。在图4－1所示的自振式水射流粉碎机原理图中，给出了上述各个试验参数的意义。正交试验中，上喷嘴直径固定不变，为 $D_1 = 1.4$mm。

由于本试验为三水平的正交试验，因此采用了方差分析法进行分析，以便排除试验误差的影响。在分析过程中将粉碎机的结构参数变换成无量纲数，其变换规则与第3章中所采用的变换式（3－9）相同。通过方差分析，得到了各个因素的主次关系、粉碎机的最佳方案以及粉碎机平均产率与各个因素之间的关系。正交试验的因素与水平如表4－1所示。

表4－1中，用A、B、C、D、E分别代表上述的5个因素，则其代表的正交试验中的3个交互作用如下：

（1）放大器直径 D_2 与振荡腔直径 D_0 之间的交互作用（$D_2 \times D_0$）：A×B；

（2）放大器直径 D_2 与振荡腔长度 L 之间的交互作用（$D_2 \times L$）：A×C；

（3）放大器直径 D_2 与放大器长度 l 之间的交互作用（$D_2 \times l$）：A×D；

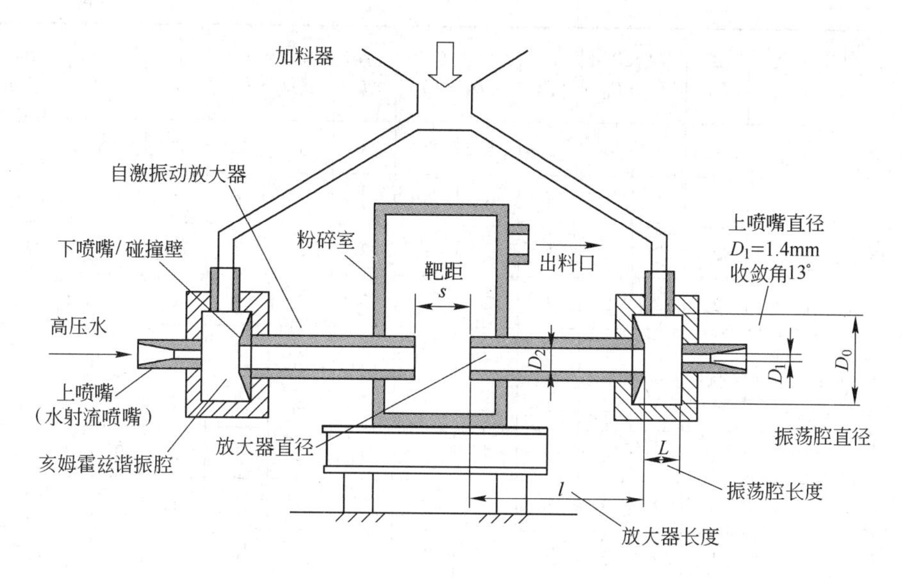

图 4-1 自振式水射流粉碎机结构原理

表 4-1 因素与水平表

水平 \ 因素	A (D_2)	B (D_0)	C (L)	D (l)	E (s)
1	0.6471	0.1304	0.0435	0.2	0.05
2	0.4118	0.2391	0.1739	0.2667	0.1
3	0.1765	0.3478	0.3478	0.3333	0.15

这是一个 5 个因素、3 个水平、3 个交互作用的正交试验，按 L_{27} (3^{13}) 正交表安排试验，组成了 27 种结构参数不同的自振式水射流粉碎机。试验的方案与结果如表 4-2 所示，其中未排因子的第 12 列与第 13 列为误差列。

表 4-2 L_{27} (3^{13}) 正交试验表

水平 \ 因素 / 结构参数	A (D_2)	B (D_0)	A×B (D_2×D_0)		C (L)	A×C (D_2×L)		D (l)	A×D (D_2×l)		E (s)	Δ	Δ	200 目 (75μm) 产率 y/%
	1	2	3	4	5	6	7	8	9	10	11	12	13	
1	1	1	1	1	1	1	1	1	1	1	1	1	1	38.44
2	1	1	1	1	2	2	2	2	2	2	2	2	2	34.50

续表 4－2

因素 / 水平 / 结构参数	A (D_2)	B (D_0)	A×B ($D_2 \times D_0$)		C (L)	A×C ($D_2 \times L$)		D (l)	A×D ($D_2 \times l$)		E (s)	Δ	Δ	200 目 (75μm) 产率 γ/%
	1	2	3	4	5	6	7	8	9	10	11	12	13	
3	1	1	1	1	3	3	3	3	3	3	3	3	3	28.20
4	1	2	2	2	1	1	1	2	2	2	3	3	3	34.30
5	1	2	2	2	2	2	2	3	3	3	1	1	1	36.71
6	1	2	2	2	3	3	3	1	1	1	2	2	2	33.90
7	1	3	3	3	1	1	1	3	3	3	2	2	2	32.10
8	1	3	3	3	2	2	2	1	1	1	3	3	3	38.70
9	1	3	3	3	3	3	3	2	2	2	1	1	1	31.18
10	2	1	2	3	1	2	3	1	2	3	1	2	3	37.21
11	2	1	2	3	2	3	1	2	3	1	2	3	1	40.37
12	2	1	2	3	3	1	2	3	1	2	3	1	2	35.30
13	2	2	3	1	1	2	3	2	3	1	3	1	2	41.52
14	2	2	3	1	2	3	1	3	1	2	1	2	3	38.91
15	2	2	3	1	3	1	2	1	2	3	2	3	1	35.62
16	2	3	1	2	1	2	3	3	1	2	2	3	1	32.34
17	2	3	1	2	2	3	1	1	2	3	3	1	2	36.41
18	2	3	1	2	3	1	2	2	3	1	1	2	3	31.74
19	3	1	3	2	1	3	2	1	3	2	1	3	2	34.50
20	3	1	3	2	2	1	3	2	1	3	2	1	3	46.22
21	3	1	3	2	3	2	1	3	2	1	3	2	1	38.70
22	3	2	1	3	1	3	2	2	1	3	3	2	1	39.54
23	3	2	1	3	2	1	3	3	2	1	1	3	2	37.06
24	3	2	1	3	3	2	1	1	3	2	2	1	3	33.80
25	3	3	2	1	1	3	2	3	2	1	2	1	3	31.20
26	3	3	2	1	2	1	3	1	3	2	3	2	1	37.41
27	3	3	2	1	3	2	1	2	1	3	1	3	2	32.80

续表 4-2

因素 / 水平 / 结构参数	A (D_2)	B (D_0)	A×B ($D_2 \times D_0$)		C (L)	A×C ($D_2 \times L$)		D (l)	A×D ($D_2 \times l$)		E (s)	Δ	Δ	200 目 (75μm) 产率 y/%
	1	2	3	4	5	6	7	8	9	10	11	12	13	
I_j	308.03	333.44	312.03	318.60	321.15	328.19	325.83	325.99	336.15	331.63	318.55	330.78	330.31	
II_j	329.42	331.36	319.19	324.82	346.29	326.28	317.81	332.17	316.18	312.24	320.05	324.01	318.09	T = 968.68
III_j	331.23	303.88	337.45	325.26	301.24	314.21	325.04	310.52	316.35	324.81	330.08	313.89	320.28	$\bar{y}$ = 35.88
S_j	37.00	60.49	37.46	3.08	113.26	12.77	4.34	27.64	29.29	21.5	8.73	16.06	9.43	

4.2 方差分析

对正交试验结果的分析有极差分析和方差分析两种方法。极差分析法没有把试验过程中试验条件改变所引起的数据波动与由试验误差引起的数据波动区分开来，也没有提供一个标准用来判断所考察的因素的作用是否显著，而方差分析法可以克服上述不足。方差分析就是把试验条件改变所引起的数据差异与由试验误差所引起的数据差异区分开来的一种数学方法。进行方差分析所用的计算公式如下[1,2]。正交表中各列变动平方和 S_j 为：

$$S_j^2 = \text{第}\, j\, \text{列}\left(\frac{\text{同水平数据和的平方}}{\text{水平重复数}}\right)\text{之和} - \frac{(\text{数据总和})^2}{\text{数据总个数}} \tag{4-1}$$

若将第 i 个试验数据记为 y_i，$i=1$，2，…，n，数据总变动平方和 S_T 为：

$$S_T = \sum_{i=1}^{n} (y_i - \bar{y})^2 \tag{4-2}$$

可以证明：

$$S_T = \sum S_j \tag{4-3}$$

即总变动平方和等于各列变动平方和之和。未排因子的空列变动平方和就是误差平方和。S_T 的自由度为 $f_T = n-1$，各列的自由度 f_j 皆为水平数减 1。两者之间的关系为：

$$f_T = \sum f_j \tag{4-4}$$

即总变动平方和的自由度等于各列变动平方和的自由度之和。所以有：

$$F=\frac{\frac{S_{因}}{f_{因}}}{\frac{S_{误}}{f_{误}}}\sim F(f_{因},f_{误}) \tag{4-5}$$

故当 F 值大于 F_{α} 时，则以检验水平 α 推断该因子作用显著；否则，认为该因子作用不显著。

在方差分析计算中所采用的各符号的意义如下：

I_j——第 j 个因素 1 水平的产率之和；

II_j——第 j 个因素 2 水平的产率之和；

III_j——第 j 个因素 3 水平的产率之和；

T——产率总和；

$\bar{y}$——产率总平均；

$f_{因}$——各因素的自由度；

$f_{误}$——误差自由度；

$\bar{S}_j$——各列数据变动平方和的平均值，$\bar{S}_j=\frac{S_j}{f_j}$。

当 $\bar{S}_j$ 比 $\bar{S}_{误}$ 还小时，$\bar{S}_j$ 就可以当作误差平方和并入 $\bar{S}_{误}$ 中去，这样可使误差的自由度增大，从而在作 F 检验时会更灵敏。根据计算可知，因素 E 与 A×C 可以并入 $\bar{S}_{误}$ 中去，方差分析的计算结果如表 4－3 所示。

表 4－3　方差分析结果

方差来源	S	f	$\bar{S}$	F	显著性临界值		显著性
					$F_{0.10}$	$F_{0.05}$	
A	37.00	2	18.50	3.61	2.92	4.10	*
B	60.49	2	30.25	5.90	2.92	4.10	* *
C	113.26	2	56.63	11.04	2.92	4.10	* *
D	27.64	2	13.82	2.69	2.92	4.10	
E	8.73	2	4.37				
A×B	40.54	4	10.14	1.98	2.61	3.48	
A×C	17.11	4	4.28				
A×D	50.79	4	12.68	2.47	2.61	3.48	*
误	25.49	4	6.37				
误	51.33	10	5.13				

根据检验水平 $\alpha=0.05$，$F_{0.05}(2, 10)=4.10$，$F_{0.05}(4, 10)=3.48$，与检验水平 $\alpha=0.10$，$F_{0.10}(2, 10)=2.92$，$F_{0.10}(4, 10)=2.61$，以及表4－3所示的方差分析结果可知，因素C与D对于粉碎机产率的影响作用高度显著，因素A的作用显著；对于交互作用因素A×C，由于其 F 值（2.47）与显著性临界值（2.61）相差很小，因此也可以认为其对粉碎机产率的作用显著。因素D与A×C的作用不显著。对粉碎机产率影响最小的两个因素是E与A×C。根据上面对各个因素显著性的分析，可以得到自振式水射流粉碎机各个参数对其产率影响的重要性，如表4－4所示。

表4－4 粉碎机参数的显著性

对粉碎机产率影响的重要性	因素	F 值	粉碎机参数	参数的意义
1	C	11.04	L	振荡腔长度
2	B	5.90	D_0	振荡腔直径
3	A	3.61	D_2	放大器直径
4	A×D	2.47	$D_2 \times l$	放大器直径与放大器长度
5	D	2.69	l	放大器长度
6	A×B	1.98	$D_2 \times D_0$	放大器直径与振荡腔直径
7	E	0.85	s	靶距
8	A×C	0.83	$D_2 \times L$	放大器直径与振荡腔长度

通过上面的分析可以得到如下结论：

（1）振荡腔长度 L 和直径 D_0 是最重要的因素，对粉碎效果产生的影响最大，其次对粉碎机产率影响较大的因素是放大器直径 D_2 和放大器直径与放大器长度的交互作用 $D_2 \times l$；

（2）放大器的长度 l 和放大器直径与振荡腔直径的交互作用 $D_2 \times D_0$ 对粉碎效果的作用不显著；

（3）放大器直径与振荡腔长度的交互作用 $D_2 \times L$ 对粉碎机产率的影响最小。

4.3 各因素水平与平均产率的关系

为便于对试验结果作进一步的分析，可以计算出各个因素在每一个水平下的平均产率，进而作出各个因素水平变化与粉碎机平均产率的关系。将各个因素在其每一个水平下的产率之和除以水平重复数（本试验的水平重复数为9）即得各因素的各水平的平均产率。

4.3.1　平均产率与放大器直径的关系

图4－2为正交试验中放大器直径（因素A）在不同的水平上变化时，粉碎机平均产率与放大器直径的变化关系。将图4－2与图3－11相比较可知，两者所给出的粉碎机产率与放大器直径的关系及粉碎机平均产率与放大器直径的关系基本上是一致的。由极差分析结果得到的图4－2再现了图3－11所示出的当放大器直径大于0.1765时粉碎机产率随其变化的关系。所不同的是正交试验由于是三水平，所选取的放大器直径的变化区间较大；而在第3章进行的单因素试验中放大器直径变化的区间较小。因此，图3－11能够更加详细地表明产率与放大器直径之间的关系。

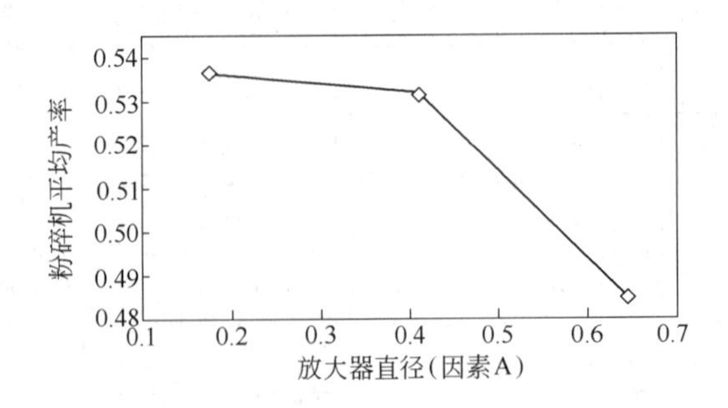

图4－2　粉碎机平均产率与放大器直径的关系

4.3.2　平均产率与振荡腔直径的关系

图4－3给出的是粉碎机平均产率与振荡腔直径的关系。由图中可见，当振荡腔直径等于0.3478时，自振式水射流粉碎机的平均产率取得最大值，为37.05%。当振荡腔直径大于0.3478时，粉碎机产率随振荡腔直径的增加而缓慢下降，当振荡腔直径小于0.3478时，粉碎机产率随振荡腔直径的减小而迅速下降。与第3章中单因素试验所得到的粉碎机产率与振荡腔直径的关系图3－9相比较，可知两者所给出的产率与振荡腔直径的变化关系基本上是一致的。

4.3.3　平均产率与振荡腔长度的关系

当振荡腔长度（因素C）在不同的水平上变化时，粉碎机平均产率与振荡腔长度的关系如图4－4所示。由图中可知，当振荡腔长度等于0.1739时，粉碎机产率取得最大值；当振荡腔长小于0.1739或大于0.1739时，产率随腔长的增加或减小而下降。同图3－10所给出的粉碎机产率与振荡腔长度的关系进行比较，可知两者所示出的产率与振荡腔长度的关系基本上是一致的。

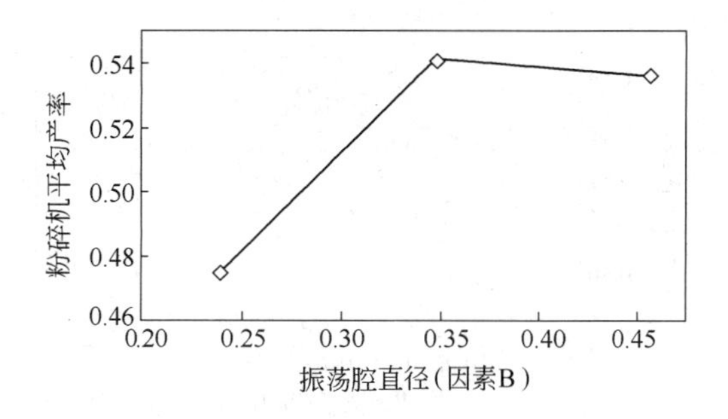

图 4－3　粉碎机平均产率与振荡腔直径的关系

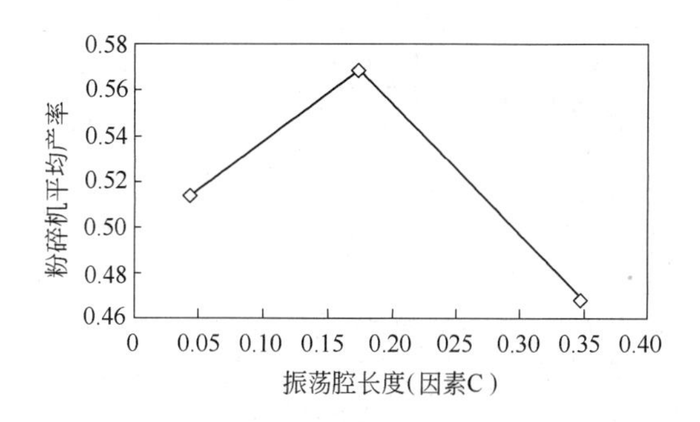

图 4－4　粉碎机平均产率与振荡腔长度的关系

4.3.4　平均产率与放大器长度的关系

图 4－5 为自振式粉碎机平均产率与放大器长度（因素 D）的关系。比较图 4－5 与图 3－12 可知，粉碎机平均产率或产率在放大器长度小于 0.2667 时变化都比较小，随长度增加略有增加。当放大器长度大于 0.2667 时，平均产率或产率均随放大器长度的增加而迅速下降。当放大器长度为 0.2667 时，两者都取得最大值。所以，两组试验中所得到的产率与放大器长度的关系基本上是一致的。

4.3.5　平均产率与靶距的关系

靶距（因素 E）在不同水平上变化时，粉碎机产率与靶距的关系如图 4－6 所示。与图 3－13 相比较可以发现，图 4－6 再现了图 3－13 中当靶距在 0.05 ~ 0.15 之间变化时粉碎机的产率与之相对应的关系，即在此区间，粉碎机的平均产率随靶距的增加而增加。

将通过正交试验所得到的自振式水射流粉碎机平均产率与各个因素的变化规律（见图 4－2 ~ 图 4－6）与第 3 章中单因素试验结果的自振式水射流

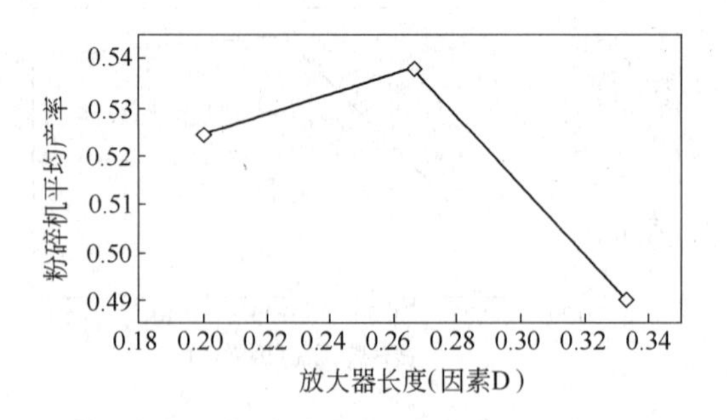

图 4-5 粉碎机平均产率与放大器长度的关系

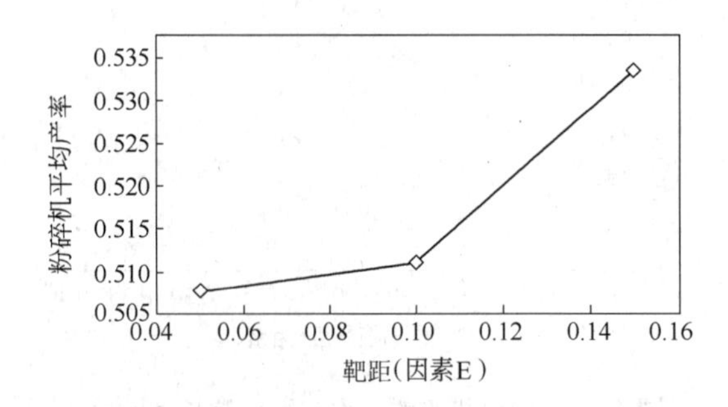

图 4-6 粉碎机平均产率与靶距的关系

粉碎机的产率与上述 5 个因素的关系（见图 3-9 ~ 图 3-13）比较后可知，由正交试验所得到的自振式水射流粉碎机的各个因素与产率的关系和在单因素试验中所得到的两者的关系表现出了良好的一致性，进一步证明了试验的可信性。

4.4 对交互作用的分析

在正交试验中所考虑的交互作用及其方差分析结果如表 4-5 所示。其中，放大器直径与放大器长度的交互作用对自振式水射流粉碎机的产率的影响最大，在交互作用中列第一位。放大器直径与振荡腔直径的交互作用对粉碎机产率的影响则要小一些，居第二位。放大器直径与振荡腔长度的交互作用对粉碎机的产率的影响可以忽略不计。

对于交互作用比较显著的因素，在选取这两个因素的水平时，就必须按两个元素的搭配关系来确定。因此，对于各个交互作用，列出两因素搭配表来对其搭配关系进行分析。交互作用 $A \times D$ 的所有搭配如表 4-6 所示。由表 4-6 可知最好的搭配为 A_3D_2，其次是 A_2D_2、A_1D_1。

表 4-5 交互作用及其方差分析结果

重要性	*F* 值	交互作用	粉碎机参数	参数的意义
1	2.47	A×D	$D_2 \times l$	放大器直径与放大器长度
2	1.98	A×B	$D_2 \times D_0$	放大器直径与振荡腔直径
3	0.83	A×C	$D_2 \times L$	放大器直径与振荡腔长度

表 4-6 因素 A 与 D 的搭配表

因素 D / 产率/% / 因素 A	D_1	D_2	D_3
A_1	111.04	99.98	97.01
A_2	109.24	113.63	106.54
A_3	105.71	118.56	106.96

交互作用 A×B 的所有搭配关系如表 4-7 所示。由表中给出的搭配关系可知，最好的搭配是 A_3B_1，其次是 A_2B_2、A_2B_1。

表 4-7 因素 A 与 B 的搭配表

因素 B / 产率/% / 因素 A	B_1	B_2	B_3
A_1	101.14	104.91	101.98
A_2	112.88	116.05	100.49
A_3	119.42	110.40	101.41

根据在两个因素交互作用下粉碎机产率总和的大小，由交互作用搭配表 4-6 与表 4-7 可得出各个交互作用的最佳搭配与次佳搭配，如表 4-8 所示。

表 4-8 交互作用的最佳搭配

交互作用 / 搭配方案	A×D	A×B
最　佳	A_3D_2	A_3B_1
次　佳	A_2D_2	A_2B_2
	A_1D_1	A_2B_1

4.5　粉碎机最优方案

综合上面的方差分析及对交互作用的分析，可以得到自振式水射流粉碎机的最优方案分析结果，如表 4 - 9 所示。

表 4 - 9　最优方案分析

因素主次		F 值	因　素	各因素的最好水平		
				最　优	次　优	
↓	1	11.04	C	C_2		
	2	5.90	B	B_1		
	3	3.61	A	A_3		
	4	2.47	A × D	A_3D_2	A_2D_2	A_1D_1
	5	2.69	D	D_2		
	6	1.98	A × B	A_3B_1	A_2B_2	A_2B_1
	7	0.85	E	E_3		

根据最优方案分析表 4 - 9 的结果，可得自振式水射流粉碎机的最优方案为：$A_3B_1C_2D_2E_3$，它所对应的粉碎机的参数如表 4 - 10 所示。

表 4 - 10　自振式水射流粉碎机最优方案

类　别	放大器直径 D_2	振荡腔直径 D_0	振荡腔长度 L	放大器长度 l	靶距 s
各因素水平	A_3	B_1	C_2	D_2	E_3
粉碎机参数	0.1765	0.3478	0.1739	0.2667	0.15

在所进行的正交试验的全部 27 次试验中第 20 号试验的效果最好，其产率为 46.22%，第 20 号试验的各因素水平 $A_3B_1C_2D_2E_2$ 为自振式水射流粉碎机的次优方案，它所对应的粉碎机的参数如表 4 - 11 所示。

表 4 - 11　自振式水射流粉碎机次优方案

类　别	放大器直径 D_2	振荡腔直径 D_0	振荡腔长度 L	放大器长度 l	靶距 s
各因素水平	A_3	B_1	C_2	D_2	E_2
粉碎机参数	0.1765	0.3478	0.1739	0.2667	0.1

因为由计算得到的自振式水射流粉碎机的最优方案不在正交试验的27次试验中，故对其做验证实验，试验条件与正交试验相同，试验结果如表4－12所示。按自振式水射流粉碎机最优方案进行试验，所得的200目（75μm）以下的细粒产率为48.83%，要好于次优方案，从而验证了前面由计算得到的自振式水射流粉碎机的最优方案是正确的。

表4－12 粉碎机最佳方案的验证试验

粒级/μm 粒度分布	0～75	75～3000
样本质量/g	175.81	184.20
产率/%	48.83	51.17

比较由正交试验所得到的自振式水射流粉碎机平均产率与各个因素的关系和第3章由单因素试验所得到的产率与各个因素的关系，可知在相应的范围内两者所给出的规律基本上是一致的，这说明第3章所进行的单因素试验的结果与本章所进行的正交试验结果是可靠的。振荡腔长度与振荡腔的直径对自振式水射流粉碎机的产率的影响最为显著，是最重要的两个因素，其中振荡腔长度的显著性排在第一位。放大器直径对粉碎机产率的影响也比较大，在重要性中列第三位。放大器的长度对自振式水射流粉碎机产率的作用不显著；但是放大器长度与放大器直径的交互作用对产率的影响却十分显著。放大器直径与振荡腔直径之间的交互作用对粉碎机产率的影响不显著。

由粉碎机参数的显著性分析（见表4－4）可知，靶距的F值很小，为0.85，因此可以得到靶距对粉碎机产率影响很小的结论。但这并不说明靶距这个参数不重要。正如在第3章中所进行的单因素试验所得到的产率与靶距的关系所说明的那样，当靶距处于一定的区间时，靶距的变化会对粉碎机的产率产生很大的影响。而之所以在正交试验中得到了靶距对产率的影响很小的结论，是因为在正交试验中所选取的靶距正处于其对粉碎机产率影响不大的区间。由表4－4可知，放大器直径与振荡腔长度的交互作用的F值最小，为0.83，因此可以认为这个交互作用对自振式水射流粉碎机产率的影响可以忽略。

参 考 文 献

[1] 韩於羹. 应用数理统计［M］. 北京：北京航空航天大学出版社，1989.
[2] 朱燕堂. 应用概率统计方法［M］. 北京：西北工业大学出版社，1986.

5 水射流粉碎铁鳞和云母

5.1 水射流粉碎铁鳞

Erchak 自 1946 年试验并提出铁氧体永磁材料后，这种材料在全世界的应用日益增长，而且超出电子领域进入千家万户。今天，作为一种功能材料，永磁铁氧体技术已成为衡量一个国家先进程度的重要标志之一[1]。在当今诸多种类的永磁材料中，永磁铁氧体以其丰富的原材料、适宜大规模工业化的生产及比较低廉的单位磁性能价格等特点而居世界总产量（产值）的首位[2]。

永磁铁氧体从制造方法上分为烧结与黏结两大类，近年来由于汽车、家电等行业的发展，市场对黏结磁的需求增加较快。目前我国已是世界第一大永磁铁氧体生产国，其产量的一大部分依赖于国际市场，由于大多是中低档产品，经济效益还比较低。目前国外大量需要的是中高档产品，汽车中的应用是一个重要方面。而我国在产品大量出口的同时，一些行业，特别是铁氧体用量达 70% 的汽车行业，仍要靠进口铁氧体来满足需求。因此，今后我国永磁铁氧体发展的主要任务应该是增加黏结永磁铁氧体的产量，不断降低成本，开发新产品与提高永磁铁氧体的质量。

提高永磁铁氧体的质量与开发新产品，主要包括以下两方面的内容[3]：一方面是从原料（氧化铁、碳酸锶或碳酸钡、添加剂）开始，研究出能制造高性能产品的磁粉；另一方面是从永磁铁氧体粉料入手，生产出高性能的产品或特殊形状、尺寸及取向方向的磁体，称为产品的研究。本书内容涉及的是第一个方面中的粉碎工艺部分。

5.1.1 永磁铁氧体的原料

生产永磁铁氧体所需的氧化铁原料主要有铁红、铁精矿和轧钢铁鳞。由于铁鳞价格低、来源广泛，因此用铁鳞代替铁红生产永磁铁氧体使成本大大下降，促进了永磁铁氧体的发展。我国生产永磁铁氧体所用的氧化铁原料主要为轧钢铁鳞[4]。判断一种原料能否生产高档永磁铁氧体材料，一是根据其生成的 M 相纯度，二是预烧料晶体形貌。对于铁鳞，除了其中以化合物形式存在的 SiO_2 会降低铁氧体的物相纯度外（铁鳞中的 SiO_2 应在 0.4% 以下），由于铁鳞是轧钢过程中的副产品，其传输和运输方式还会使其中混有润滑油、沙、土等杂质。在预烧前必须去除这些杂质并将铁鳞磨至10μm以下，才能保证在预烧料中生成的M相物相纯度。这一阶段的粉碎称为永磁铁氧体生产工艺中的原料粉碎[5,6]。

经过上述粉碎后的原料经过混料、氧化和固相反应烧结，便成为预烧料。预烧料再细磨至1～3μm制成作为中间产品的磁粉后，用于生产永磁铁氧体最终产品，这一阶段的粉碎称为预烧料的细磨。高档永磁铁氧体材料主要分为烧结磁体和黏结磁体两大类。黏结磁体的性能是磁粉颗粒形貌的敏感量，因而与预烧料的晶体形貌息息相关，其中轧制磁粉要求颗粒呈片状以利于应力取向；磁场取向磁粉要求颗粒近似球状以利于磁粉在磁场中转动的灵活性。预烧料的细磨工艺是铁氧体磁性材料制备过程中一道重要的工艺，细磨效果直接关系到磁体最终性能。为获得高性能的磁性材料，对细磨工艺不仅是要求得到合适的粒度，而且最重要的是要求粒度分布要窄，颗粒尺寸要均匀，在黏结磁体用磁粉的制备过程中，对细磨工艺还要求研磨过程中对预烧料的晶粒形貌的破坏尽量小。

5.1.2 永磁铁氧体粉碎工艺

众所周知，机械粉碎方法的效率低且能耗高，磨机功率大部分消耗在钢球的提升、球与球之间或球与磨机筒壁之间的非生产性碰撞上，从而降低了破碎过程的总效率。然而在工业生产上，磨机仍广泛地用于脆性材料的细磨，这是由于其工作简单可靠，对连续作业十分重要，而且其规格齐全，适合于工业化的大批量生产[7]。

我国永磁铁氧体生产中的氧化铁原料的粉碎，如轧钢铁鳞的粉碎，以及预烧料的细磨主要都是采用机械粉碎。其中，氧化铁原料的粉碎工艺采用干式球磨，预烧料的细磨工艺采用湿式球磨。我国某磁性材料生产基地的铁鳞粉碎球磨工艺过程如图5－1所示，原料为经过焙烧去油的铁鳞。在进入球磨机前首先要对铁鳞进行去除杂质处理；然后再进行干燥处理，干燥的方法有烘干机烘干或晾晒两

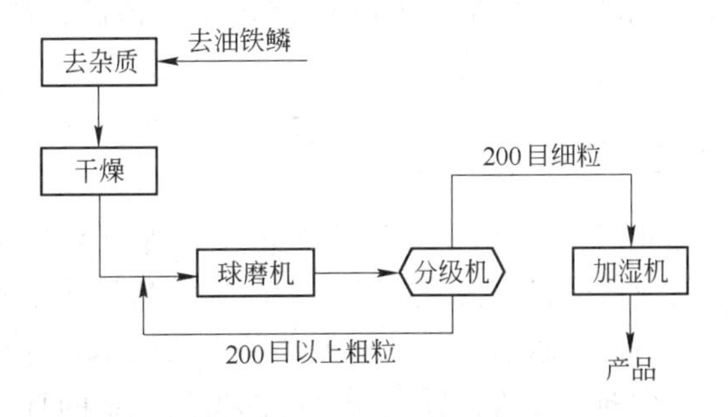

图5－1 干式球磨工艺

种；经去除杂质与烘干处理的铁鳞在磨至200目（75μm）以下后，再经加湿机加至一定湿度即成为产品。200目以上的粒级则返回继续研磨。

球磨工艺在铁氧体生产中存在的问题主要有：

（1）球磨工艺的粉碎效率低、能耗高；由于必须定期更换磨损的钢球与衬板，其维护成本也比较高。

（2）铁鳞在进入球磨工艺之前必须经过干燥机干燥，这样就增加了能耗；如果采用晾晒的方法进行干燥，则需占用大面积的生产场地。

（3）在大规模的工业生产中，混在铁鳞中的杂质实际上是无法去除的，这些杂质也会同铁鳞一样被磨成粉末，影响混料配方的准确性，给永磁铁氧体的生产带来很大困难；铁的氧化物的纯度是决定磁性能高低的关键性因素，这些杂质的存在将直接影响铁氧体的物相纯度[4]。

（4）在预烧料细磨工艺中，各向异性黏结磁粉要求保持其原始结晶形貌，而工业用的大型磨机用于细磨时对预烧料的原始晶粒形状破坏较大，这种破坏会引起磁粉颗粒粒度分布宽、粒度不均匀、超顺磁性颗粒增多、晶格畸变大，从而引起毛坯中磁粉的取向度下降，磁性能下降；小型球磨与立式球磨能较好地保持预烧料的原始晶体形貌[8]，然而问题是小型球磨与立式球磨的产量都比较小，无法用于大批量的工业生产。

（5）在铁鳞等氧化铁原料粉碎过程中飘浮在空中的细小的氧化铁粒子对环境的污染十分严重。

长期以来人们在改进粉碎工艺方面已经做了许多工作，如文献［5～7］对原料的选择和处理与磁性能的关系进行了分析；文献［9］对预烧料细磨工艺的改进及粉碎机理等进行了研究。这些工作对改进球磨工艺，提高永磁铁氧体的质量做出了很大的贡献。然而，传统的球磨工艺毕竟有其发展局限。本章所介绍的研究工作旨在将高压水射流粉碎技术引进永磁铁氧体生产中的原料粉碎工艺中，结合北京矿冶研究总院磁性材料生产基地在实际生产中的铁鳞粉碎工艺，应用前面所述的自振式水射流粉碎机，进行粉碎铁鳞的试验，以期能够在降低粉碎能耗、提高粉碎效率、提高永磁铁氧体质量方面开创一条新的途径。

5.1.3　水射流粉碎铁鳞试验

水射流粉碎工艺如图5－2所示。试验所采用的水射流粉碎机为第3章所介绍的自激振动式水射流粉碎机（见图3－4）。原料铁鳞去除杂质后，进入水射流粉碎机的加料装置，自振式水射流粉碎机振荡腔内的流体在自激振动过程中将连续的水射流转变为断续的涡环流，并在振荡腔内形成一定的真空度，使加料装置与振荡腔之间存在一定的压力差，被粉碎的物料在其自重和压力差的共同作用下，通过气力输送进入振荡腔。自振式水射流粉碎机将引射进来的物料与水射流充分混合并加速，形成了压力冲击式的并伴有空化作用的气、固、液三相射流。被加速后的物料颗粒在水射流粉碎机的粉碎室内发生强烈对撞，在自激振动过程中产生的水锤力、气蚀力以及脉冲射流所形成的动载荷使物料产生的卸载效应的综合作用下，物料被粉碎成细小的颗粒。

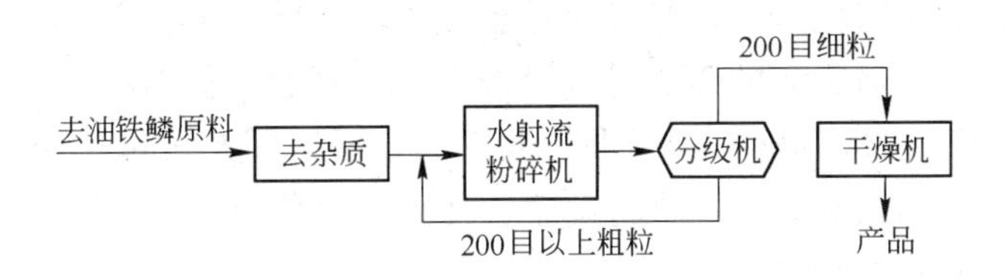

图 5-2　水射流粉碎工艺

铁鳞经水射流粉碎后，进入水力旋流器分级，200 目（75μm）以下的细粒进入离心式干燥机，脱去大部分水分后使铁鳞细粒保持一定湿度，包装后即成为产品。200 目以上的颗粒则返回水射流粉碎机做进一步的粉碎。使用后的水经简单沉淀过滤后即可重复使用。

与图 5-1 的粉碎工艺相比，水射流粉碎工艺具有如下的特点：

（1）进入水射流粉碎机的铁鳞原料不需要进行干燥，从而简化了工艺流程。因为如果用烘干机烘干则需增加能耗，若采用晾晒干燥则需要占用大面积的场地。如某铁鳞粉碎厂占地面积达 36 亩（24000m^2 其中厂房面积 280m^2）之多。因此，水射流工艺不仅减少了干燥作业本身，而且减小了能耗或占地。

（2）与传统工艺相比，水射流粉碎机的粉碎效率高且能耗低。

（3）如前所述，在大规模的工业生产中，混在铁鳞中的杂质实际上是无法除掉的，而由于水射流具有良好的解理性与漂洗作用，可以在粉碎过程本身将混在铁鳞中的泥沙以及焙烧除油后的积炭有效地分离出去，这一点是其他类型的粉碎机所无法做到的。污染的水进行相应的处理后即可重复使用。

（4）水射流粉碎工艺的占地面积小。一台小时产量为 5t（电动机功率 75kW）的自振式水射流粉碎机（包括主机及高压水泵等辅助设备）占地面积不超过 30m^2；而一台小时产量 0.76t（电动机功率 45kW）的磨机则至小需要 50m^2。因而采用水射流粉碎可大大地减少厂房面积。

（5）自振式水射流粉碎机的结构简单，易于操作与维护。

（6）水射流粉碎的小时产量要远远高于其他类型的粉碎机。

（7）常规的粉碎工艺大都是采用压应力粉碎方式，而水射流粉碎则是利用质点固有边界的扩张而导致拉应力粉碎，即由于水射流的速度极高，一般为声速或超声速，在射流的冲击下造成强大的冲击波并作用于物料，冲击波在物料的颗粒内部的晶粒交界处反射，使晶粒交界处产生张力，从而使物料粉碎。因此，水射流粉碎可以很好地保持物料的原始结晶形貌。

(8) 用干式球磨工艺粉碎铁鳞，由于飘浮在空气中的细小的氧化铁粒子对环境的污染十分严重，现场操作条件恶劣。而水射流粉碎工艺由于是湿法粉碎，可以大大改善操作条件并减小对环境的污染。

由正交试验结果的分析可知（参见正交试验结果表4－2），用自振式水射流粉碎机粉碎铁鳞，所得到的200目（75μm）细粒的平均产率为$\bar{y}=37.40\%$；因1号试验的产率为35.44%，居于平均偏下的水平，因此选用正交试验中第1号试验的自振式水射流粉碎方案进行试验，其具体参数为：

振荡腔直径：0.1304；

振荡腔长度：0.0435；

放大器直径：0.6471；

放大器长度：0.2；

靶距：0.05；

高压水泵：压力45MPa，流量75L/min，泵功率75kW。

试验的考察指标：200目（75μm）以下的细粒产率。

试验采用某磁性材料生产基地的铁鳞原料，其粒度分布如表5－1所示。

表5－1　铁鳞原料粒度分布

粒度分布 \ 粒级/μm	0～30	30～43	43～75	75～100	100～175	175～500	500～6000
样本质量/g	微量	11.10	12.50	13.00	31.50	100.00	66.40
产率/%	微量	4.73	5.33	5.54	13.43	42.64	28.33
累积产率/%		4.73	10.06	15.6	29.03	71.67	100

5.1.4　结果与讨论

铁鳞原料的粒度分布和经水射流一次粉碎后的粒度分布如图5－3所示。由图5－3可见，铁鳞原料75μm以下的分布中，30μm以下的颗粒为0%。而粉碎后的铁鳞75μm以下的分布中，30μm以下的颗粒产率最高，为12.05%。这正说明了水射流粉碎机的超细粉碎能力。在175μm以上，与铁鳞原料相比，经水射流粉碎后的铁鳞的产率下降比较大，如在500～6000μm之间，原料的产率为28.3%，粉碎后铁鳞的产率仅为6.18%。这说明了水射流粉碎具有粉碎比大的特点。即在水射流冲击下的瞬间就可把直径达6mm的铁鳞粉碎成细小的颗粒。

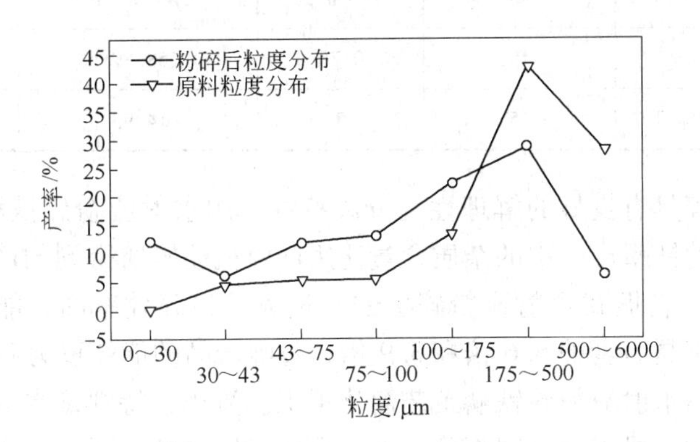

图5-3 铁鳞原料与粉碎后铁鳞的粒度分布

铁鳞原料的累积产率与经水射流一次粉碎后铁鳞的累积产率如图5-4所示。由图可见，铁鳞原料75μm以下的累积产率为10.06%，经水射流粉碎后的铁鳞75μm以下的累积产率为29.66%，是原来的2.95倍。

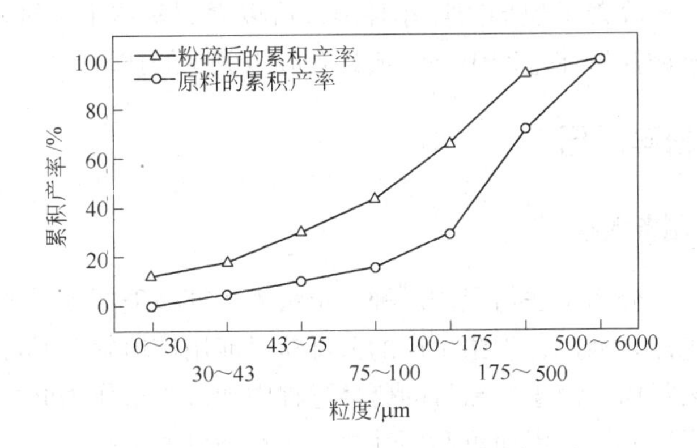

图5-4 铁鳞原料与粉碎后铁鳞的累积产率

自振式水射流粉碎机75μm以下细粒的产率按在正交试验中得到的平均产率37%计算，根据某磁性材料生产单位提供的球磨粉碎铁鳞工艺的技术指标，按完全相同的计算方法，得到用球磨工艺粉碎铁鳞和用水射流粉碎铁鳞的几个主要工艺参数[10,11]，如表5-2所示。由表5-2可知，自振式水射流粉碎机的产量是球磨机的6.6倍，效率是球磨机的3.9倍，水射流粉碎铁鳞所得到的产品中的杂质含量比用球磨机得到的降低了95%。

表5-2 球磨工艺和水射流粉碎工艺粉碎铁鳞的技术指标

指 标	单机输入功率 /kW	产量 /$t \cdot h^{-1}$	能耗 /$kW \cdot h \cdot t^{-1}$	产品中杂质含量 /%
球磨机	45	0.76	58.82	0.4
自振式水射流粉碎机	75	5	14.93	0.02

水射流粉碎具有良好的解理性与分离特性。用水射流粉碎铁鳞的试验证明，用水射流粉碎的铁鳞产品中的杂质含量比用球磨机粉碎所得到的产品中的杂质含量降低了95%；自振式水射流粉碎机的产量大、粉碎效率高、能耗低，其产量和粉碎效率分别是后者的6.6倍和3.9倍，每吨产品的能耗仅为后者的25%；与球磨工艺相比，水射流粉碎铁鳞工艺简化了工艺流程，特别是水射流粉碎去掉了进入粉碎机前的干燥工序，因而除了减少操作工序之外，还进一步减小了能量消耗或生产占地；水射流粉碎机的设备占地面积小。一台功率为75kW的自振式水射流粉碎机的产量相当于6.5台功率为45kW的球磨机；而一台自振式水射流粉碎机的占地面积仅为一台球磨机占地面积的60%；自振式水射流粉碎机的结构更简单，整机无任何运动部件，造价低且易于维护和保养；另外水射流粉碎工艺简化了工艺流程，在降低了能量消耗的同时，提高了粉碎产品的质量，并且水射流粉碎工艺大大地改善了现场的操作环境，可以做到基本上无环境污染。因此，水射流粉碎在永磁铁氧体生产中是一项具有应用前途的技术。

5.2 水射流粉碎云母

5.2.1 云母粉制备现状

云母粉的生产分为干法与湿法两种。干法生产容易破坏云母的片状结构，使云母失去表面光泽。因此，干法生产的云母粉只能用作填料，其经济效益也比较低。湿法生产云母粉，由于在云母的研磨过程中加入了水作为介质，可较好地保持云母鳞片的晶面光泽，因而可利用性更广，经济价值更高。

一般称粒度小于150μm的云母粉为超细云母粉。超细云母粉用途广泛，其中价值最高的是珠光云母粉。用作珠光颜料的云母，粒度一般在3~150μm范围内，其中粒度为20~50μm的云母颗粒具有最佳珠光光泽。珠光云母粉不仅要求粒度，而且要求保持云母天然的片状结构与表面粗糙度，因而必须用湿法生产。传统的湿法磨机有辊碾磨、振动磨及搅拌磨等。这类磨机的粉碎方式大都采用压应力粉碎方式，即物料的粉碎是在压力的反复作用下发生的，因而对云母的摩擦严重，也会在一定程度上破坏云母的片状结构和表面光泽。为了得到高质量的珠光云母粉，需要采用新的云母湿法细磨工艺。

高压水射流粉碎工艺是利用质点固有边界的扩张而导致拉应力破碎方式，即物料在高速水射流的冲击作用下，在颗粒内部产生向四方传播的应力波，应力波在颗粒内部的晶粒交界处反射而引起张应力，使物料产生卸载破坏。水射流粉碎的这一特点尤其适合于云母的超细剥片，可以制备高质量的珠光云母粉。

5.2.2 工艺及设备

内蒙古察右前旗云母制品有限责任公司采用水射流粉碎云母的工艺如图5－5(a)所示。与该厂原有的辊碾磨云母湿法细磨工艺相比，水射流粉碎工艺占地面积小、设备简单、操作简便，并且由于水射流具有良好的解离性及水射流粉碎机可直接采用水力分级，将杂质、粗粒与合格的细粒分离，因而大大地简化了云母粉生产工艺，提高了云母粉的质量。其中，水射流粉碎机采用了后混合磨料射流靶式水射流粉碎机，如图5－5(b)所示。靶式水射流粉碎机由水喷嘴、加料箱、混合室、准直管加速器、粉碎室、靶板、出料口以及高压水泵及其控制系统组成。水喷嘴将高压水转化为高速细射流喷入混合腔；在混合腔中，高速射流形成

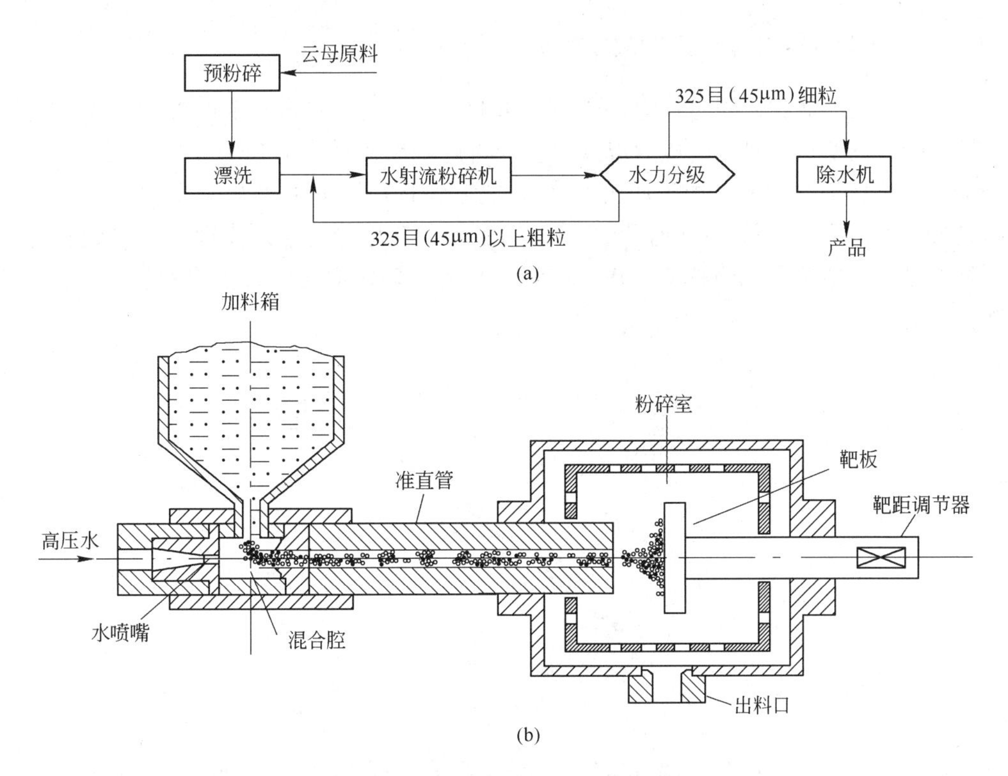

图5－5 水射流粉碎云母工艺及设备

(a) 水射流粉碎云母工艺；(b) 后混合磨料射流靶式水射流粉碎机

了一定的负压，造成混合腔与加料箱间的压力差；原料云母在这一压差的作用下，进入混合腔，与水射流发生剧烈的紊流扩散与混合，形成液、固、气三相射流；进入准直管后，水流将物料颗粒充分加速后，从准直管喷出并与靶板发生强烈碰撞，使颗粒得到粉碎。

靶式水射流粉碎机理包括水射流的冲击作用、水锤效应和水楔作用等，对此在第3章中已进行了论述。水射流粉碎系统的工作参数为：

水料混合比：30%的云母；

高压水泵：额定工作压力50MPa，流量75L/min，泵功率75kW；

粉碎方式：湿法、多道次粉碎，即水射流粉碎后进行水力分级，不合格的产品重新进入水射流粉碎机进行粉碎；

水力分级：由一系列的漂浮池根据要求的粒度进行重力分级；

产品粒度：0～30μm的云母粉；

水喷嘴直径：1mm；

准直管参数：直径5mm，长度1mm；

进料口直径：10mm。

5.2.3 水射流压力与产品粒度的关系

在高压水射流粉碎过程中，压力是影响粉碎产品粒度最重要的参数。研究表明，产品粒度与水射流的压力成反比。云母超细粉碎的实验研究表明：对于1～5mm粒度的云母原料，射流压力与产品粒度小于150μm的颗粒的累积产率成近似的线性关系，如图5－6所示[12]。根据粉碎能耗理论与水射流理论，得到水射流压力与产品粒度的理论模型并在粉碎云母的实验研究中进行了参数拟合[13,14]，现介绍于下。

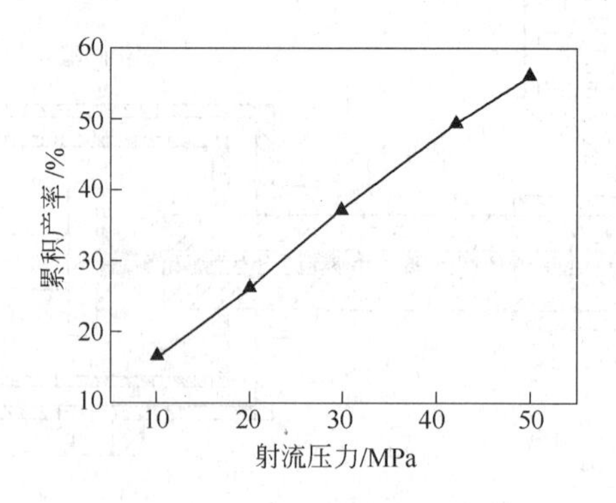

图5－6 射流压力与－150μm粒度云母累积产率的关系

根据伯努利方程，自由射流条件下水射流的速度为：

$$v_w = \sqrt{2p/\rho_w} \tag{5-1}$$

式中，v_w 为水射流速度；p 为射流压力；ρ_w 为水的密度。

根据液、固两相流单颗粒加速理论，水射流的速度决定了颗粒的速度。颗粒在冲击靶物时的速度与水射流速度成正比[15]，即：

$$v_p = C_v v_w = C_v \sqrt{2p/\rho_w} \tag{5-2}$$

式中，v_p 为颗粒冲击靶物的速度；C_v 为速度比例常数。

对于靶式粉碎机，水射流粉碎主要是由于颗粒高速冲击成坚硬的靶物引起的。考虑到式（5-2）颗粒的单位质量动能 A 为：

$$A = \frac{v_p^2}{2} = \frac{pC_v^2}{\rho_w} \tag{5-3}$$

即颗粒的单位质量动能与压力成正比。

假设颗粒冲击粉碎时，其动能完全变成粉碎能。对于粉碎能耗与给料产品粒度之间的关系，Rittinger 提出了“表面积假说”[16]：粉碎能耗与粉碎后物料的新生表面积成正比。若用 $\overline{D}$ 表示给料调和平均粒度，$\overline{d}$ 表示产品调和平均粒度，则单位质量物料被粉碎所消耗的能量 A 为：

$$A = C_R\left(\frac{1}{\overline{d}} - \frac{1}{\overline{D}}\right) \tag{5-4}$$

式中，C_R 为 Rittinger 常数。

将式（5-3）代入式（5-4），则压力与给料调和平均粒度、产品调和平均粒度三者间的关系为：

$$\frac{1}{\overline{d}} - \frac{1}{\overline{D}} = CP \tag{5-5}$$

式中，C 为实验常数，$C = C_v^2 C_R \rho_w$；$1/\overline{d} - 1/\overline{D}$ 具有粉碎程度或粉碎效果的意义。

实际粉碎过程中，给料和产品都是由不同粒径颗粒组成的粒群，它们的调和平均粒度要由粒度分布来求得。当已知物料粒度分布密度函数为 $f(x)$ 时，调和平均粒度 $\overline{X}$ 可由以下积分求得：

$$\frac{1}{\overline{X}} = \int \frac{f(x)}{x} \mathrm{d}x \tag{5-6}$$

在实际应用，物料粒度分布是离散的，物料料度的分布密度函数 $f(x)$ 根据其分布的统计频数来近似。关于式（5-6）的积分算法，可参考有关文献，如文献［14，16］。

式（5－5）表示的射流压力与原粒、产品粒度间的关系实质上是一个半经验公式，需要根据特定的实验条件确定其常数。江山等[14]得到了式（5－5），其在用前混合磨料射流粉碎机进行超细粉碎云母的条件下的回归形式为：

$$\frac{1}{\bar{d}}-\frac{1}{\bar{D}}=0.00027p+0.0028 \tag{5-7}$$

式中多了一个常数0.0028，是反映在前混合磨料射流靶式粉碎机的粉碎过程中，除了颗粒对靶物的冲击外，还有前混合磨料射流喷嘴的挤压和摩擦作用的贡献。

式（5－7）右边两项的意义分别为：$0.00027p$是由于水射流压力而产生的对靶物的冲击作用导致的粉碎；常数0.0028反映的喷嘴由于几何尺寸而产生的粉碎作用，与射流压力无关。前混合磨料射流的磨料喷嘴直径多小于1mm。而后混合磨料射流的准直管的直径则要大得多。此时喷嘴对物料没有粉碎作用，则式（5－7）可简化为：

$$\frac{1}{\bar{d}}-\frac{1}{\bar{D}}=0.00027p \tag{5-8}$$

式（5－8）可以用来估计用后混合磨料射流粉碎机粉碎云母时给料粒度、产品粒度与射流压力三者之间的关系。

5.2.4 水射流制备珠光云母粉

下面给出作者在内蒙古察右前旗云母制品有限责任公司进行水射流粉碎机现场调试及指导水射流粉碎云母生产线试生产时所得到的水射流粉碎云母数据中的一组。图5－7(a)与(b)分别给出了粒度为80目（180μm）的云母原料，在48MPa压力下，经水射流多次粉碎后的粒度分布与累积粒度分布。由图5－7(a)与(b)可知，云母原料经多次水射流粉碎，特别是经水射流第一次粉碎后，0～30μm的细粒迅速增加，这再一次证明了水射流粉碎具有极好的超细粉碎能力与粉碎比大的特点。

用传统的碾磨类磨机制备的珠光云母粉，由于受磨机中压力的反复作用与摩擦，云母颗粒呈中间厚而周边薄的形状，表面光泽受到严重破坏。用水射流粉碎工艺制备的珠光云母粉（粒度为0～30μm），根据扫描电子显微镜（SEM）与粒度分析的结果[13]：其大部分粒度为5～15μm，也有一部分小于5μm，全是薄片状结构，周边为多边形，晶面内几乎没有裂纹和擦痕。图5－8(a)为水射流制备的珠光云母粉颗粒表面的SEM图像，可见云母粉颗粒保持了其多边形的原有形状，没有反复研磨痕迹；图5－8(b)为云母粉颗粒侧面的SEM图像，可见云母均保持了薄片形状，边缘没有变薄，证明云母颗粒是沿解理面拉伸破坏的。用水

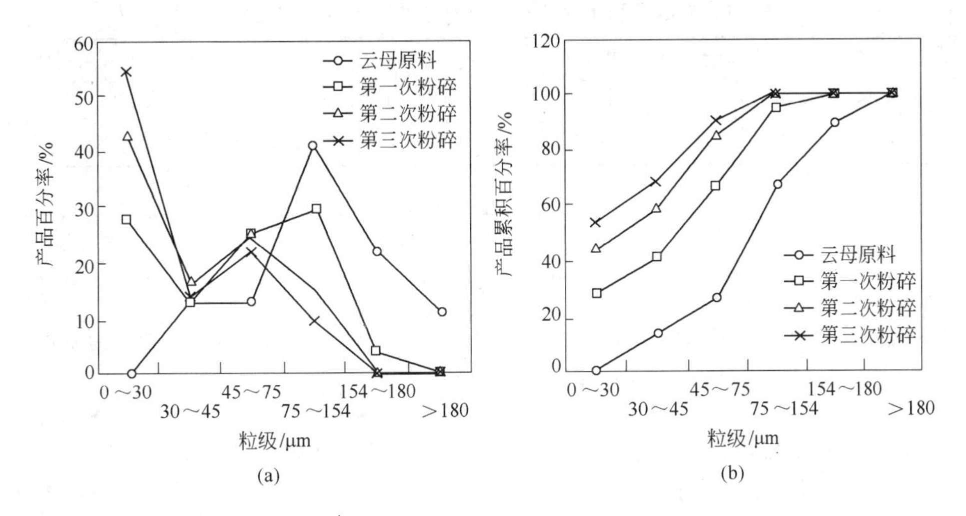

图 5－7 水射流粉碎云母的试验结果

（a）水射流粉碎云母的粒度分布；（b）水射流粉碎云母的累积粒度分布

射流粉碎工艺制备的珠光云母粉，不但粒度比原来的细，粗糙度也比原来的低，因而增值幅度很大。

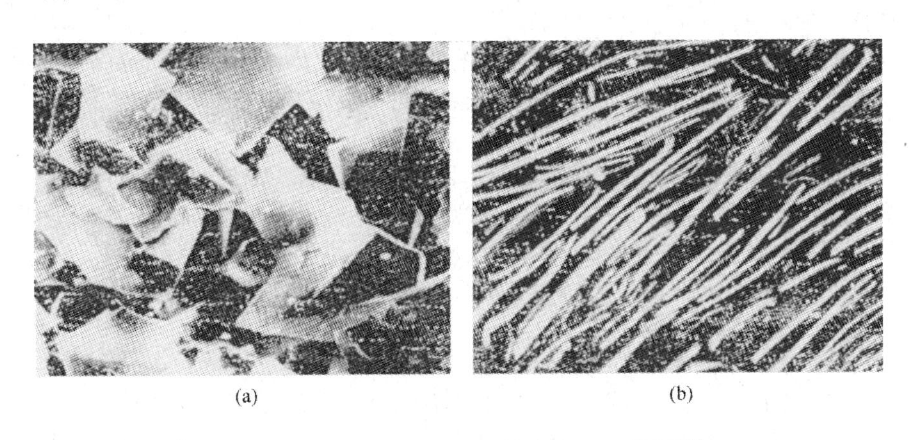

图 5－8 用水射流粉碎云母粉碎的 SEM 分析[13]

（a）珠光云母粉颗粒表面；（b）珠光云母粉颗粒侧面

表 5－3 给出了用辊碾磨制备珠光云母粉和用水射流制备珠光云母粉的技术指标。由表 5－3 可知，用水射流制备珠光云母粉具有更高的产率，而比能耗则要少得多。无论是在试验中还是在实际生产中都可以得到这样的结论，即：水射流粉碎制备的珠光云母粉不仅质量好，而且工艺简单、产量大，比能耗低。后来的实践证明，内蒙古察右前旗云母制品有限责任公司采用水射流粉碎工艺制取珠光云母粉取得了很好的效益。

表 5-3 辊碾磨和水射流粉碎机制备珠光云母粉的技术指标

类 别	单机输入功率/kW	粉碎机产率/$t \cdot h^{-1}$	粉碎比能耗/$kW \cdot h \cdot t^{-1}$
辊碾磨	40	0.13	307.69
水射流粉碎机	75	2.31	32.47

参 考 文 献

[1] 林毅. 永磁材料发展动向 [C] //矿冶科学与工程新进展——庆祝北京矿冶研究总院建院40周年论文集（下册）. 北京：冶金工业出版社，1996.

[2] 宋玉刚. 永磁铁氧体材料的工业测量技术 [C] //矿冶科学与工程新进展——庆祝北京矿冶研究总院建院40周年论文集（下册）. 北京：冶金工业出版社，1996.

[3] 徐文生，王晶珠，等. 永磁铁氧体的应用及开发 [C] //矿冶科学与工程新进展——庆祝北京矿冶研究总院建院40周年论文集（下册）. 北京：冶金工业出版社，1996.

[4] 林毅，等. 用轧钢铁鳞制造高质量的永磁铁氧体材料 [C] //永磁材料的研制与应用技术的新进展. 北京：中国科学技术出版社，1992.

[5] 腾阳民，吕宝顺，等. 高性能永磁铁氧体材料的研制与原材料的关系 [C] //矿冶科学与工程新进展——庆祝北京矿冶研究总院建院40周年论文集（下册）. 北京：冶金工业出版社，1996.

[6] 吕宝顺，要继忠，等. 粘结用永磁铁氧体磁粉的制备技术特点 [C] //矿冶科学与工程新进展——庆祝北京矿冶研究总院建院40周年论文集（下册）. 北京：冶金工业出版社，1996.

[7] Fsyed M E，Otten L. 粉体工程手册 [M]. 北京：化学工业出版社，1992.

[8] 罗雄，要继忠，等. 细磨方式对磁粉形貌的影响 [C] //矿冶科学与工程新进展——庆祝北京矿冶研究总院建院40周年论文集（下册）. 北京：冶金工业出版社，1996.

[9] 林毅，孙岩，等，新型磨料工艺的推广应用 [C] //永磁材料研制与应用技术的新进展. 北京：中国科学技术出版社，1992.

[10] 李启衡. 碎矿与磨矿 [M]. 北京：冶金工业出版社，1986.

[11] 丘继存. 选矿学 [M]. 北京：冶金工业出版社，1987.

[12] 方湄，江山，殷秋生，等. 高压水射流超细粉碎云母的实验研究 [J]. 中国安全科学学报，1995，5（5）：36~41.

[13] 江山. 高压水射流粉碎颗粒机理和技术的研究 [R]. 北京科技大学博士后工作报告，1996.

[14] 江山，方湄，殷秋生，等. 高压水射流超细粉碎的压力与粒度的关系 [J]. 中国安全科学学报，1995（S1）：42~47.

[15] 郭楚文. 前混合磨料射流磨料加速机理理论分析 [J]. 高压水射流，1990（3）：15~21.

[16] 郑水林. 超细粉碎原理、工艺设备及应用 [M]. 北京：中国建材工业出版社，1993.

6 水射流粉碎制备超细水煤浆

6.1 引言

煤炭一直是我国的主要能源，年产量已达世界首位。目前，我国已探明资源总量为 8231 亿吨标准煤，其构成比例为石油 2.8%，煤炭 87.4%，天然气 0.3%，水电 6.5%。在未来的能源利用中，煤炭仍将是支持我国能源供应的主要来源。同时，我国煤炭资源总体上品质不高，大都属于高灰煤，燃烧效率低，是造成我国大气污染的根本原因。大气中飘尘、SO_2、NO_x、CO_2 等污染物 80% 以上来自煤炭的燃烧。因此，提高我国煤炭加工和转化的水平是一个非常紧迫的问题。

能源是支持社会发展和经济增长的重要物质基础和生产要素。按目前已探明能源储量和开采速度，在世界范围内，常规石油仅够利用 40 年，常规天然气仅够利用 60 年，而煤炭则可利用 204 年。因此，煤炭必然是世界主要能源之一。在我国，煤炭是最丰富的化石能源，在化石燃料中占有绝对优势，按同等发热量计算，是石油和天然气总和的 12 倍。近年来由于石油价格飙升和国际政治经济形势变化，我国石油储备和供应不足的问题日趋严峻。同时，我国天然气资源供需输送距离长，开发和输送成本高，消费领域有限，所以煤炭在未来仍将是我国最主要的能源。

针对我国煤炭利用现状，国家积极发展推行洁净煤技术，指出洁净煤技术主要包括煤炭洗选、加工、转化、先进燃烧技术、烟气净化等方面 14 项技术；其中水煤浆技术是重点推广应用的技术之一[1,2]。水煤浆是一种由近 70% 的煤粉和近 30% 的水以及 1% 的添加剂组成的煤水混合物。作为液态产品可以泵送、雾化、存储，安全性优于石油，又像石油一样具有良好的流动性和稳定性。水煤浆作为一种代油燃料，可以代替重油和原油用于锅炉、窖炉及内燃机燃烧，具有燃烧效果好、易于管道输运、环保效果明显等优点。水煤浆技术的研究，是以煤代油技术研究的热点之一。近年来开展的作为代柴油的超纯水煤浆（ultra-clean coal slurry fuel）又称精细水煤浆的研究，适合我国富煤贫油的国情，是目前洁净煤利用技术研究的重点与难点[3,4]。

要高效地制备水煤浆，关键就是煤的超细粉碎。煤的超细粉碎及其发展方向是实现煤炭的纯化、超纯化，满足对煤炭深加工越来越高的要求。由于煤的宏观结构是非均相的，包括有机质和无机矿物杂质，而其有机质又由多种微观结构不同的显微组分组成，因此煤的微细粒加工与分离过程会对各粒径级别煤的组成和结构产生影响。有试验结果表明，超细粉碎后的各种粒径超细煤粒的灰分含量、矿物组成和微量元素发生了明显变化[5]，对其物理结构、燃烧性能和污染物释放有显著影响。煤的超细粉碎可使煤的有机显微组分和无机矿物组分得到有效解离[6]，对于大部分煤种，充分解离需要破碎到10μm 以下[7]。

在目前的制备水煤浆的工艺过程中，破碎和磨碎设备的动力消耗占总能耗的70%以上。传统的粉碎工艺能耗大，效率低，成本高，污染严重。通常粉碎工艺中，非生产功有时竟达到能耗的90%。在粉碎过程中只有一小部分能量用于物料的破碎，造成能源的极大浪费。目前，我国制备水煤浆均采用球磨方法对煤进行超细粉碎，在磨煤过程中煤与杂质的研磨、粉碎介质的磨损都会造成煤粉的污染，同时长时间的研磨，也会加剧煤粉物理、化学性质及表面性质的变化，使下一步的分离更为困难，成为限制我国水煤浆发展的一大障碍。为解决上述问题，作者开展了利用高压水射流超细粉碎制备超细水煤浆的试验研究。

在进行工业化大规模生产超细煤粉体时，为制备水精细水煤浆提供原料，需要完善的工艺过程，包括煤的预破碎、超细粉碎以及粉碎后的分选等工艺流程。为了将水射流粉碎技术应用于超细水煤浆制备做工业化生产准备，作者在中国矿业大学（北京）高压水射流实验室开展了系统性的研究，建立了包括煤的超细粉碎及粉碎后分选的试验系统，取得了宝贵的经验。本章只介绍其中的部分研究成果。

6.2　煤样与试验系统

6.2.1　煤样

试验用的煤样之一是来自唐山开滦矿务局的赵各庄和范各庄选煤厂的煤泥。范各庄选煤厂的煤泥浮选精煤灰分为10.78%，精煤产率为45.53%。煤泥灰分含量为22.88%，全硫含量为0.9476%，可选程度为难选。煤泥颗粒的粒度组成如表6－1所示。试验的另一种煤样为大同矿生产的原煤。水射流粉碎机的进料粒度取决于进料口的直径与磨料喷嘴的直径，一般要求原料粒度不大于2mm。因此，对大同原煤先用颚式破碎机破碎为平均粒度1mm的煤粉。大同煤、赵各庄和范各庄煤泥的灰分与全硫含量如表6－2所示。

表 6-1 煤泥颗粒的粒度组成

粒度级/μm	占本级/%	粒度级/μm	占本级/%
≤74	13	417~246	24
97~74	11	500~417	2
157~97	20	>500	5
246~157	25		

表 6-2 试验煤样灰分及硫分

煤 种	灰分含量(Ad)/%	全硫含量(St, ad)/%
大同煤	12.7	0.2614
赵各庄煤泥	21.7	0.9647
范各庄煤泥	27.33	0.9501

6.2.2 试验系统与工艺流程

图 6-1 为用于制备超细煤粉体的试验系统——水射流粉碎及水力分选系统，主要由水射流粉碎系统与水力分级系统组成。水射流粉碎系统包括高压水射流粉碎机本身、加料系统、高压水泵系统。水力分级系统的主要设备为水力旋流器与发泡浮选设备。在高压水射流粉碎过程中，颗粒破碎主要靠颗粒冲击

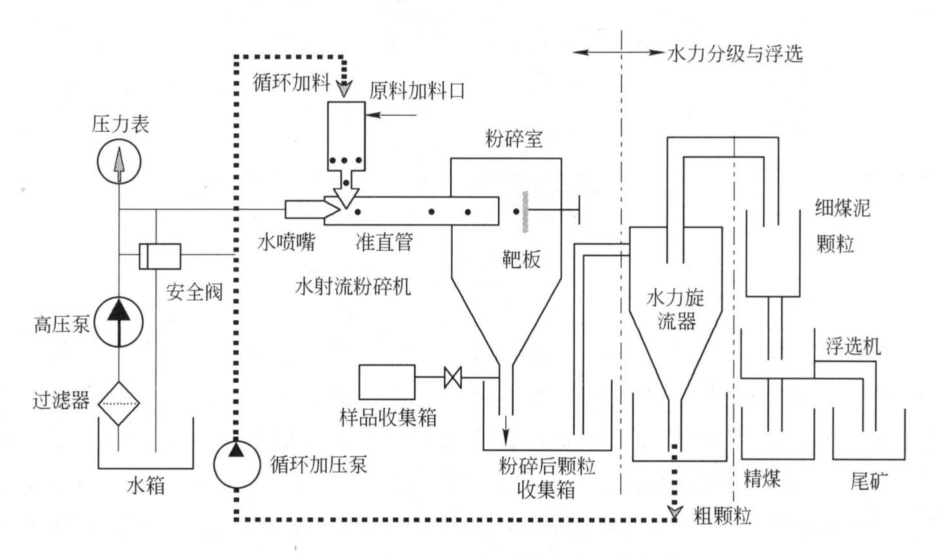

图 6-1 水射流粉碎及水力分选系统

作用，粉碎后粒度分布不均匀，对于粒度较大的颗粒需要再次粉碎。因此，需要在水射流粉碎机的出料口连接水力分级器，将符合粒度要求的细颗粒从水力旋流器的溢流口收集起来作为下一步处理的产品，同时将大于要求粒度的粗颗粒从底流口经循环加压泵加压后，返回水射流粉碎机继续粉碎。水力旋流器是由北京古生代水力旋流器制造厂生产的产品，型号为 GSDF－75J，直径 75mm，进口压力 0.2MPa，给矿浓度小于 25%，处理量 8～12m^3/h，产品粒度 d_{50} = 8～10μm。

发泡浮选设备通过对水力旋流器溢流口得到的符合粒度要求的细煤粉进行浮选得超洁净煤粉（超精细煤粉）。浮选是选煤中最常用的一种工艺，该工艺可以有效地除去煤中杂质，如硅酸盐、黄铁矿等。其原理是根据矿物质表面的亲水性和疏水性的不同，对矿物质进行分离[8,9]。浮选主要设备是浮选机。浮选起泡剂为仲辛醇（$CH_3(CH_2)_5CH(OH)CH_3$），捕收剂为柴油与水按一定比例高速拌和的乳化液，抑制剂为氧化钙（CaO）。

水射流制备精细水煤浆的实验工艺流程如图 6－2 所示。首先将原煤破碎为粒度≤1mm 的原料煤；然后由加料系统送入高压水射流粉碎机进行粉碎；粉碎后的煤经粉碎室的出料口，进入到水力旋流器分级；分级后的细煤粒由溢流口进入浮选机进行浮选；粗煤粒则由旋流器底口，经循环加料泵加压，输送到水射流粉碎机的加料箱，再次粉碎。细煤粉经浮选后，得到精细水煤浆体。可作为制备精细水煤浆的原料。

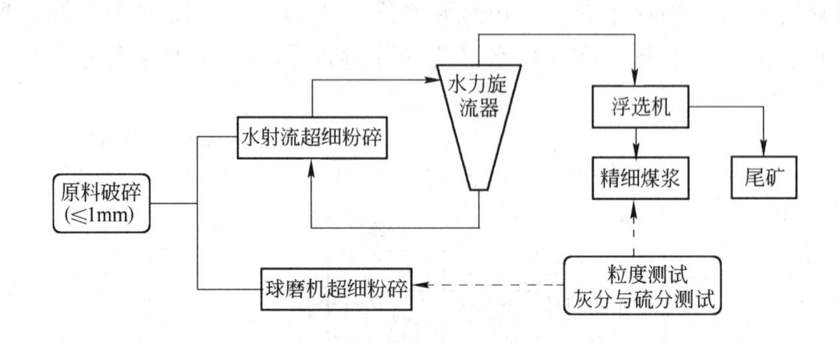

图 6－2 水射流制备精细水煤浆试验工艺过程

为了对试验结果进行比较，对同样的煤原料用球磨机进行细磨得到超细煤粉体。球磨机选用型号为 XMB－70 型实验室用小型球磨机，容积为 1.5L，电动机功率为 0.37kW；给料粒度小于 2mm；产品粒度小于 0.074mm（74μm）。对用水射流粉碎与球磨粉碎制备的超细煤粉进行粒度测定、灰分与全硫测定、能量指标计算来评价粉碎效果。全硫含量用美国力可公司 SC－132 分析仪测定，粒度测定使用了 Malvern 激光粒度仪。

6.3 水射流粉碎机

与自振对撞式水射流粉碎机相比较，基于后混合磨料射流（AWJ）的靶式水射流粉碎机[10]具有结构简单、加工精度要求不高、设备成本低等优点，在制备超细珠光云母粉等超细剥片应用中，取得了良好的效果（见第5章第2节）。其原理是由圆柱形收敛喷嘴将高压水转化为高速射流，并在混合室产生高真空度，将加料器中的物料颗粒吸入混合室并混入水射流中；在准直管（或磨料喷嘴）中，水射流破碎成大量的水滴，形成平行流动的气、固两相射流；准直管是一个等径的长直管，物料颗粒在其中充分加速后，与坚硬的靶物强烈碰撞导致粉碎。与后混合磨料射流相同，靶式水射流的不足之处是其颗粒的引射机理难以充分利用水射流的能量，即颗粒与水射流不能充分混合。

在制备超细水煤浆的试验中，考虑到煤的硬度小于铁鳞以及大规模工业化生产的要求，设计了改进的基于后混合磨料射流（AWJ）的新型靶式准直管水射流粉碎机，其原理如图6-3(a)所示，图6-3(b)为水射流粉碎机在高压水射流实验室的照片。新型AWJ靶式水射流粉碎机做了如下改进：(1) 在加料箱中，设计了具有空气动力学特性的自吸式空气头，以使加料箱的物料充分流态化，增加物料颗粒进入混合室时的初始动能，从而改善了颗粒与水射流的混合效果；(2) 根据第2章的研究成果，将颗粒与水射流的掺混区设计在湍射流的大涡区，以保证颗粒与物料的充分混合；(3) 将加料通道设计成特殊形状，以改善引射效果。靶式水射流粉碎机的关键参数包括准直管长度、准直管直径、水喷嘴直径与准直管直径之比值、混合室的几何形状与尺寸以及加料管直

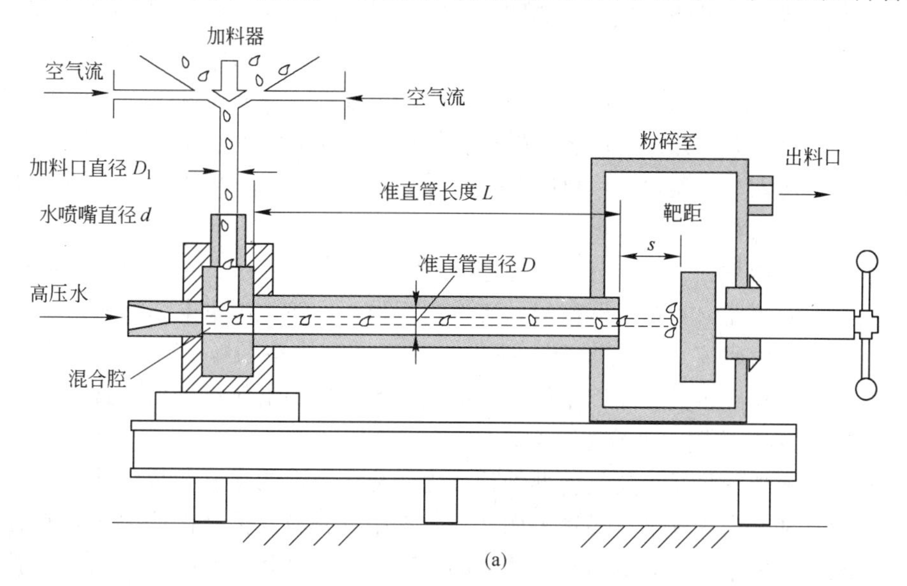

(a)

(b)

图 6-3 改进型后混合磨料射流靶式水射流粉碎机

(a) 工作原理；(b) 实物照片（高压水射流实验室）

径等。由于这些设计与后混合磨料射流装置的设计基本原理相同，已有大量的文献介绍，故在本书中略去这一部分，详细可参考文献 [11, 12]。在试验过程中，高压水泵的压力（射流工作压力）在小于 50MPa 的范围内根据需要由压力调节阀调节，泵的额定流量为 75L/min，泵功率为 75kW；水射流喷嘴的直径为 1mm，收敛角为 30°。

6.4 水力旋流器

水力旋流器分级的工艺流程如图 6-4(a) 所示，图 6-4(b) 为系统的照片。试验装置由水力旋流器、泵、流量计、压力表、秒表、水箱组成。将一定粒度分布的煤粒与水按比例加入水箱搅拌均匀，经加压泵进入旋流器分级。符合要求的细颗粒在溢流口流出并进入浮选流程；粗颗粒在底流口流入水箱，再由循环加压泵加压后，送入水射流粉碎机再次粉碎。试验中，在溢流口与底流口分别取样进行粒度测试，以对粉碎效果进行评价。

水力旋流器是利用离心沉降原理进行分级的设备，矿浆在一定压力下从进料口切向给入旋流器，在柱段器壁的导流作用下强烈旋转，矿浆中细颗粒由溢流口排出，粗颗粒由底流口（沉砂口）排出，从而实现大小颗粒的分级。由于水射流粉碎为湿法粉碎，其产品以水煤浆的形式从粉碎机的出料口排出，其中水料比约为 8∶2，因此选用水力分级是合适的。

水力旋流器直径是控制旋流器处理能力和分级粒度的主要参数，处理能力和分级粒度都随水力旋流器直径增大而增大。在细煤颗粒的分级作业中，既要满足一定分离粒度要求，又要具备尽可能大的处理能力，这就需要统筹考虑。一般来

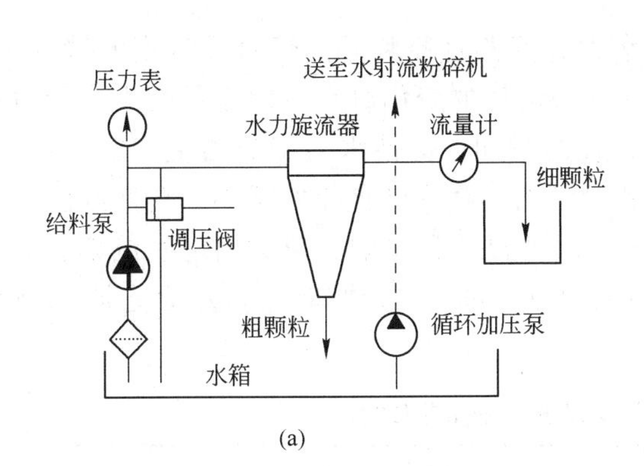

(a)

(b)

图6-4 水力分级试验系统

(a) 工艺流程；(b) 系统照片

说，水力旋流器的生产能力与其直径的平方成正比，分离粒度与其直径的1/2次方成正比。根据试验所需生产能力和分离粒度的要求，确定水力旋流器直径 $D=75$mm，选用GSDF－75J型水力旋流器，如表6－3所示（数据来自北京古生代水力旋流器制造厂产品说明）。

表6－3 水力旋流器参数

水力旋流器型号	GSDF－75J	水力旋流器型号	GSDF－75J
直径/mm	75	进浆压力/MPa	0.1～0.5
处理量/$m^3\cdot t^{-1}$	8～12	分级粒度/μm	$d_{50}=5\sim8$

水力旋流器内的流体阻力随锥角的增加而加大，由于阻力增加，必然导致处理能力的降低。同时，分离粒度也随锥角的增加而加大。所以，确定水力旋流器锥角时，需要生产能力和分离粒度兼顾。在细粒分级过程中，一般来说水力旋流器的最佳锥角应为20°左右，仅在要求分离粒度很细的溢流时，才采用小锥角水力旋流器（$\theta\leqslant10°$）。本试验中，在煤粉分离粒度要求达到10μm的情况下，生产能力要求达到最大，所以水力旋流器锥角确定为15°。

水力旋流器分级系统的溢流管直径是影响生产能力和分离粒度的最重要的参数之一。在一定范围内，溢流管直径的增加将导致分离粒度的增加，生产能力的加大。在水力旋流器的结构设计中，溢流管直径与水力旋流器直径、给矿口直径、底流口直径成正比关系。一般来说，溢流管直径应为水力旋流器直径的0.2～0.3倍。在本试验中，为了得到尽可能大的溢流量，溢流管直径确定为25mm。给矿口直径应为溢流管直径0.5～1倍，确定为20mm。

水力旋流器底流口直径，在水力旋流器直径和溢流管直径确定的情况下，其变化直接决定着溢流比的变化，而溢流比的变化对水力旋流器的生产能力和分离粒度有着重要影响。底流口直径的增加，会使水力旋流器生产能力加大，分离粒度减小，但同时也会使沉砂量增加；底流口直径的减小，会使底流口的浓度加大，在底流口直径达到最小时，浓度不再增加，但会出现底流堵塞的现象。根据经验参数，确定底流口直径为6mm。最终确定水力旋流器规格如表6-4所示。

表6-4　水力旋流器工艺参数

柱段直径/mm	锥角/(°)	柱段高度/mm	锥段高度/mm	溢流口直径/mm	底流口直径/mm	给矿口直径/mm
75	15	80	620	25	6	20

在初步确定水力旋流器的结构参数后，需要对其生产能力和分级能力做一校核。根据庞学诗生产能力计算公式计算处理量[13]：

$$q_m = 2.69 D d_i \sqrt{\frac{\Delta p_m}{\rho_m\left[\left(1.5\frac{D}{d_0}\right)^{1.28} - 1\right]}} \tag{6-1}$$

式中，q_m 为水力旋流器生产能力，m^3/h；D 为水力旋流器直径，cm；d_i 为给矿口直径，cm；d_0 为溢流管直径，cm；Δp_m 为给矿压力，MPa；ρ_m 为矿浆密度，t/m^3。

将试验给矿压力0.2MPa，煤粉矿浆密度 $1.06\times10^3 kg/m^3$ 代入式（6-1）得：

$$q_m = 7.31 m^3/h$$

然后由拉苏莫夫公式计算分离粒度为：

$$d_m = 1.5\sqrt{\frac{D d_0 C_{iw}}{K_D d_s(\delta-\rho)p^{0.5}}} \tag{6-2}$$

式中，d_m 为旋流器分级粒度，μm；D 为旋流器直径，cm；d_0 为溢流口直径，cm；d_s 为底流口直径，cm；C_{iw} 为给矿矿浆质量浓度，%；K_D 为直径修正系数，$K_D = 0.8\frac{1.2}{1+0.1D}$；$p$ 为给矿压力，MPa。

代入表6-4中数据得：

$$d_m = 10.5\mu m$$

由此可知，该形式水力旋流器可满足处理细煤颗粒的要求。

6.5 水射流粉碎后的粒度分布

大同原煤经工作压力为46MPa的高压水射流一次粉碎后的粒度分布如图6-5所示。由图可见，粉碎后煤粉中600μm以下的颗粒粒度达到了98.2%，即原煤煤样基本被粉碎为小于600μm以下的煤粉。煤样中74μm以下颗粒由10%增加至58%，200μm以下颗粒由38%增加至80%。说明在高压水射流的粉碎作用下，原煤颗粒得到充分的粉碎。同时，由于粉碎后煤粉粒度分布在0~600μm之间，有42%的颗粒大于74μm，20%的颗粒大于200μm，不符合制备精细水煤浆的粒度要求，故需要利用水力旋流器对粉碎后煤粉进行分级来制备平均粒度在10~20μm的制浆细料，其余粗料可返回粉碎室再次粉碎。

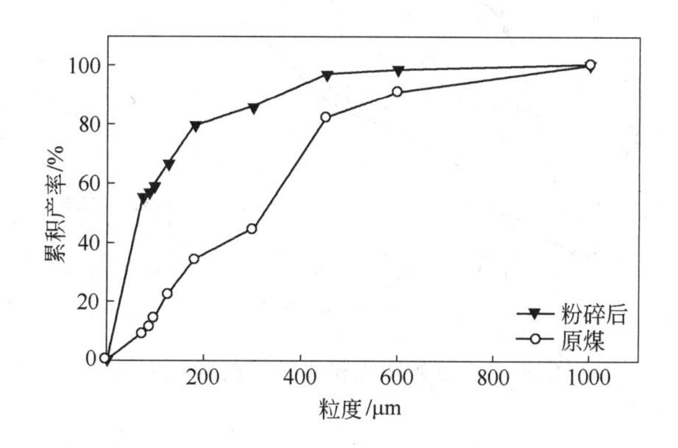

图6-5　大同煤粉碎前后的粒度对比

图6-6为赵各庄原煤经工作压力为46MPa的高压水射流一次粉碎后的粒度分布。由图可见，粉碎后煤粉中600μm以下的颗粒粒度达到了97.0%，即原煤煤样基本被粉碎为小于600μm以下的煤粉。在50~400μm粒度区间，具有较大的粉碎比。

图6-7为范各庄原煤经工作压力为46MPa的高压水射流一次粉碎后的粒度分布。由图可见，水射流对于范各庄的原煤具有比大同原煤更大的粉碎比。即在相同条件下，不同的煤由于其物理性质的差异，粉碎效果亦有较大的差别。对于范各庄原煤，颗粒直径小于100μm的含量可以达到80%，颗粒直径小于500μm几乎达到了99%。水射流粉碎的特点是由瞬间冲击完成，原煤经粉碎后的粒度分布较宽，要制备10μm以下的超细粉体，需经水力分级，并将分级后不合格的煤经多次水射流粉碎来完成。

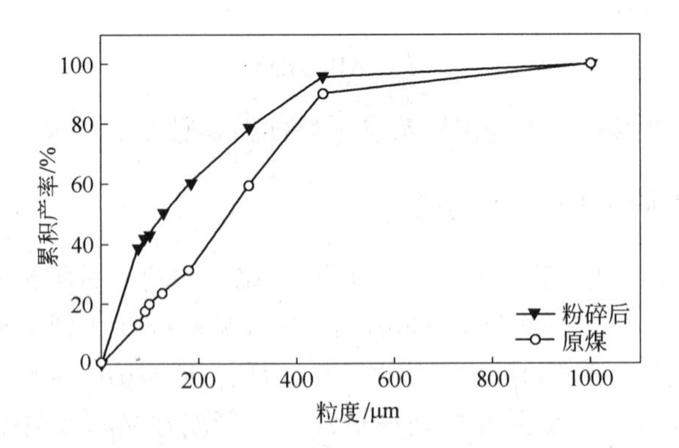

图6-6　赵各庄煤粉碎前后的粒度对比

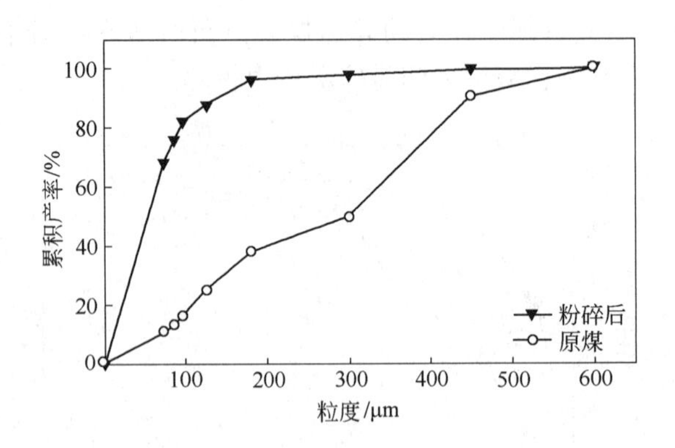

图6-7　范各庄煤粉碎前后的粒度对比

6.6　水射流粉碎并水力分级结果分析

6.6.1　大同原煤

由于在水射流粉碎后的煤浆中含有部分较大颗粒，试验中采用了水力旋流器对其分级来制取超细煤粒。水力分级的工艺流程见图6-4。大同煤水射流粉碎并在0.1MPa压力下水力旋流器分级后煤样粒度分布曲线与球磨1h后煤样粒度分布曲线如图6-8所示。由图可见，两种方法粉碎的粒度分布与累积粒度分布是相似的，最大粒度基本小于100μm，平均粒度相近，均达到20μm。球磨的特点是，虽然磨煤的时间很长，但一次磨煤就可以达到粒度要求。图6-8说明，利用水射流粉碎加上水力旋流器分级，可以达到相当的粉碎效果。

图6-9(a)、(b)分别给出了大同煤水射流粉碎并在0.2MPa压力下水力分

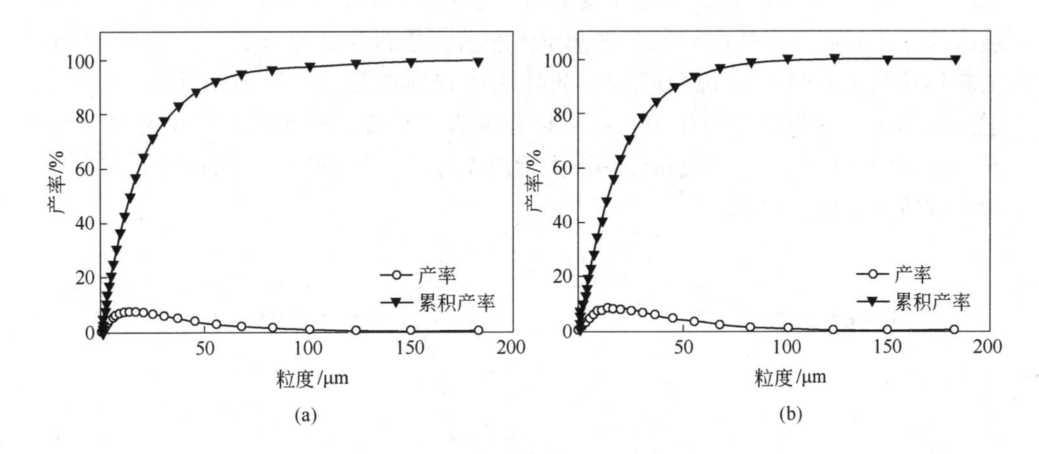

图 6-8 大同煤水射流粉碎（0.1MPa 分级）与球磨粉碎（1h）效果对比
（a）水射流粉碎粒度分布（分级压力 0.1MPa）；（b）球磨粉碎粒度分布（研磨时间 1h）

级后煤样粒度分布曲线与球磨 1.16h 后煤样粒度分布曲线。用两种粉碎工艺得到的平均粒度均为 11.9μm，无论是粒度分布，还是累积粒度分布，都大致相同。粒度分布曲线表明，大多数颗粒分布在 20μm 左右，对于水射流粉碎并分级工艺，粒度小于 25μm 的煤粉达到了 83%，而球磨粉碎则为 80%。这说明两种工艺均能达到制备超细水煤浆的要求。

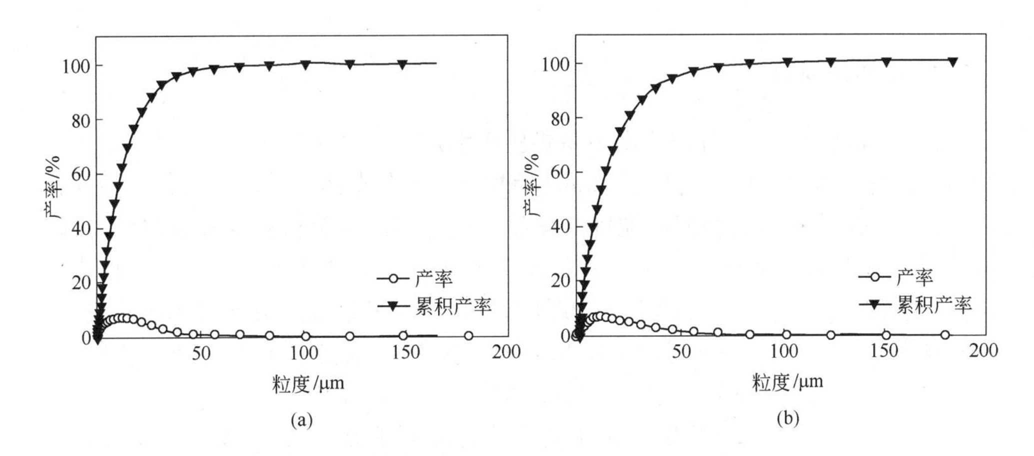

图 6-9 大同煤水射流粉碎（0.2MPa 分级）与球磨粉碎（1.16h）效果对比
（a）水射流粉碎粒度分布（分级压力 0.2MPa）；（b）球磨粉碎粒度分布（研磨时间 1.16h）

图 6-10(a)、(b)分别给出了大同煤水射流粉碎并在 0.3MPa 压力下水力分级后煤样粒度分布曲线与球磨 2h 后煤样粒度分布曲线。用两种粉碎工艺得到的

平均粒度均为11.9μm，无论是粒度分布，还是累积粒度分布，都大致相同。粒度分布曲线表明，多数颗粒分布在20μm左右；累积粒度分布表明，小于50μm的粉体达到了99%。这说明两种工艺均能达到制备超细水煤浆的要求。另外，适当提高水力分级的进料压力，还可以得到粒度更细、分布更均匀的超细水煤浆。这说明利用高压水射流粉碎－水力旋流器分级工艺可以满足制备水煤浆和精细水煤浆制浆原料的要求。

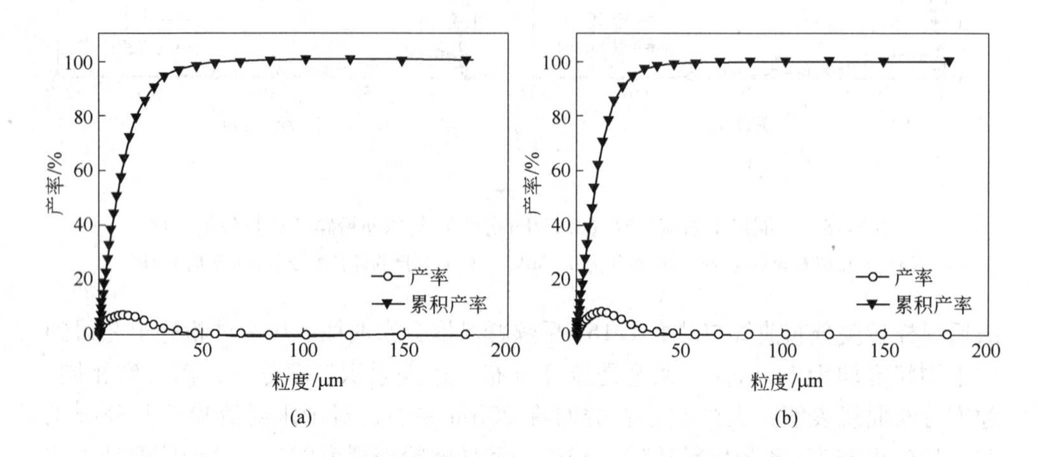

图6－10　大同煤水射流粉碎（0.3MPa分级）与球磨粉碎（2h）效果对比

（a）水射流粉碎粒度分布（分级压力0.3MPa）；（b）球磨粉碎粒度分布（研磨时间2h）

6.6.2　赵各庄原煤

图6－11(a)、(b)分别给出了赵各庄煤水射流粉碎并在0.1MPa压力下水力分级后煤样粒度分布曲线与球磨40min后煤样粒度分布曲线。由图可见，两种粉碎工艺得到的煤粉具有相似的粒度与累积粒度分布。由累积粒度分布曲线可知，粒度小于100μm粉体达到了99%；粒度小于300μm粉体达到了60%；粒度小于10μm粉体达到了40%。由粒度分布曲线可知，大多数粒度分布在15μm左右；两种粉碎工艺得到的平均粒度均为10.1μm。这说明，赵各庄的煤泥更易于粉碎，并且两种粉碎工艺均达到了很好的粉碎效果。

图6－12(a)、(b)分别给出了赵各庄煤水射流粉碎并在0.15MPa压力下水力分级后煤样粒度分布曲线与球磨50min后煤样粒度分布曲线。由图可见，两种粉碎工艺得到的煤粉仍然具有相似的粒度与累积粒度分布。由累积粒度分布曲线可知，粒度小于100μm粉体达到了100%；粒度小于50μm粉体达到了93.8%；粒度小于10μm粉体达到了35.0%；两种粉碎工艺得到的平均粒度均为9.8μm。

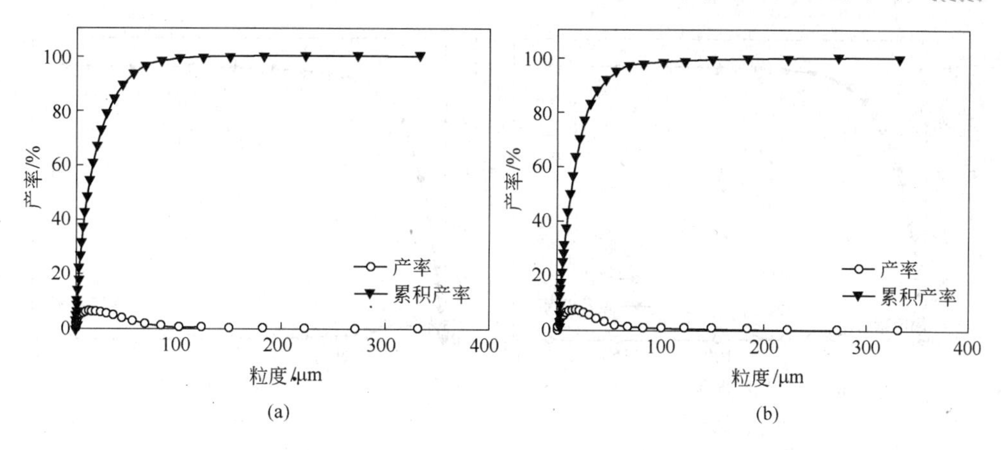

图 6－11 赵各庄煤水射流粉碎（0.1MPa 分级）与球磨粉碎（40min）效果对比

（a）水射流粉碎粒度分布（分级压力 0.1MPa）；（b）球磨粉碎粒度分布（研磨 40min）

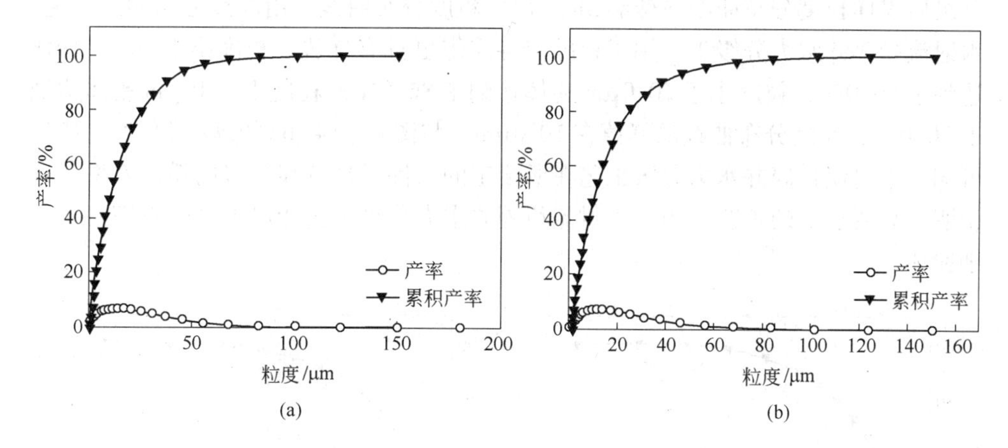

图 6－12 赵各庄煤水射流粉碎（0.15MPa 分级）与球磨粉碎（50min）效果对比

（a）水射流粉碎粒度分布（分级压力 0.15MPa）；（b）球磨粉碎粒度分布（研磨 50min）

图 6－13(a)、(b)分别给出了赵各庄煤水射流粉碎并在 0.2MPa 压力下水力分级后煤样粒度分布曲线与球磨 60min 后煤样粒度分布曲线。由图可见，两种粉碎工艺得到的煤粉也具有相似的粒度与累积粒度分布。由累积粒度分布曲线可知，粒度小于 50μm 粉体达到了 98%；粒度小于 25μm 粉体达到了 80.0%；粒度小于 10μm 粉体达到了 39.0%；粒度分布曲线的峰值在 10.0μm；两种粉碎工艺得到的平均粒度均为 9.5μm。

6.6.3 范各庄原煤

图 6－14(a)、(b)分别给出了范各庄煤水射流粉碎并在 0.2MPa 压力下水力

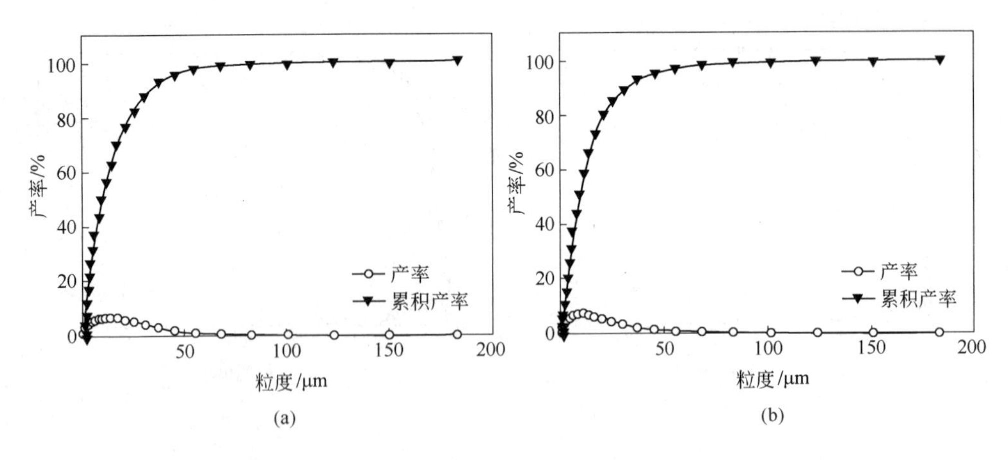

图 6-13 赵各庄煤水射流粉碎（0.2MPa 分级）与球磨粉碎（60min）效果对比

（a）水射流粉碎粒度分布（分级压力 0.2MPa）；（b）球磨粉碎粒度分布（研磨 60min）

分级后煤样粒度分布曲线与球磨 3h 后煤样粒度分布曲线。由粒度分布曲线可见，水射流粉碎并水力分级工艺用于粉碎范各庄煤更具有优势，粒度小于 30μm 粉体达到了 99.0%；粒度小于 20.0μm 粉体达到了 86.0%；粒度小于 10μm 粉体达到了 70.0%；粒度分布曲线的峰值在 10.0μm。与图 6-14(b)的球磨 3h 工艺相比可知，水射流粉碎并水力分级工艺在所给定的条件下具有高得多的粉碎效率。这说明，只要选择的工艺适当，水射流粉碎并水力分级工艺能以更高的效率制备超细粉体。

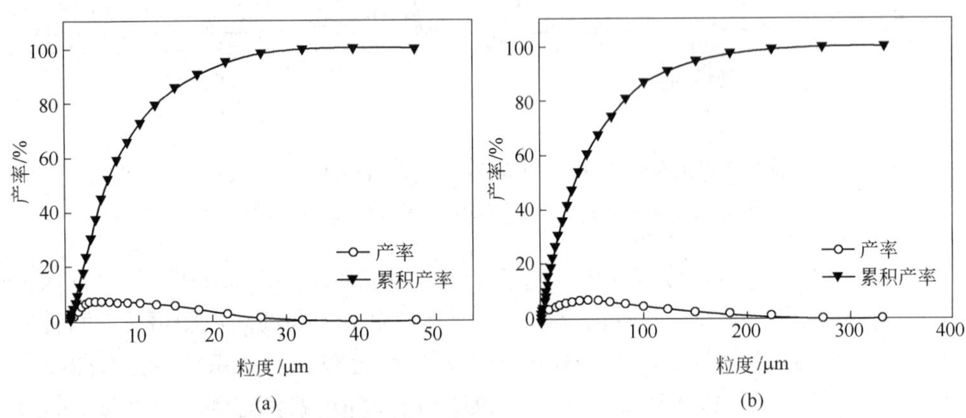

图 6-14 赵各庄煤水射流粉碎（0.2MPa 分级）与球磨粉碎（3h）效果对比

（a）水射流粉碎粒度分布（分级压力 0.2MPa）；（b）球磨粉碎粒度分布（研磨 3h）

6.7 粉碎能耗

粉碎过程中能耗大小直接影响制备水煤浆的成本。因此，有必要对不同粉碎工艺制备相同粒度和体积的水煤浆的能耗量进行对比分析。表6-5给出制备同一种煤、相同粒度分布的超细水煤浆，分别采用水射流粉碎并水力分级工艺和球磨工艺的粉碎能耗。注意，在计算水射流粉碎的能耗时，水力分级器的能耗已经包括在内。由表可见，用水射流粉碎的能耗均大大低于球磨工艺的能耗。

表6-5 水射流粉碎并水力分级工艺与球磨粉碎工艺的能耗

原煤种类	粉碎工艺	-20μm 产品能耗 /kW·h·t^{-1}	-74μm 产品能耗 /kW·h·t^{-1}
大同煤	水射流并水力分级	65.7	32.6
	球　磨	423.1	271.4
赵各庄煤泥	水射流并水力分级	98.7	42.4
	球　磨	338.2	251.3
范各庄煤泥	水射流并水力分级	56.8	28.5
	球　磨	546.4	288.1

根据表6-5的数据可知，水射流粉碎煤的能耗仅为球磨粉碎的1/10~1/6，利用水射流粉碎将大幅降低水煤浆的制浆能耗，节约成本。其原因在于，球磨机的压缩破坏、反复研磨的粉碎方式；另外在粉碎过程中，煤颗粒受压的位置和压力作用点都是由随机的滚筒转动所提供的，大部分的输入能量浪费在球与球之间或球与磨机筒壁之间的非生产性接触上，两者均降低了粉碎过程中的总能量效率。而高压水射流能量输入很高，水射流的高能量密集在颗粒上，且其破坏形式为脆性解理破坏（煤炭的抗拉强度远低于其抗压强度），因此水射流粉碎的能量利用率要高于普通粉碎设备。

一般高浓度水煤浆平均粒度小于60μm，中浓度水煤浆平均粒度小于300μm，精细水煤浆平均粒度小于10μm[14,15]。目前，国内外制备普通水煤浆工艺的粉碎设备大多采用球磨机，其优点是性能稳定，性能可靠，缺点是能耗高，吨浆能耗为30~40kW·h/t[16]，有效能耗不足5%，且受其粉碎工艺特点所限，进一步采用节能措施较为困难。而水射流粉碎试验中，水射流粉碎制备小于74μm产品的能耗为28.5~42.4kW·h/t，煤样的平均粒度为30.87μm，说明在能耗水平大致相当的情况下，高压水射流粉碎工艺能够制备更小粒级的煤粉。从国内外现有的研究成果来看，水射流粉碎能耗要低于球磨粉碎。文献［17］中利用高压水射流粉碎工艺粉碎铁鳞与北京矿冶研究总院磁性材料生产基地的球磨粉碎工艺相比，其单位时间产量是后者的6.6倍，能耗仅为后者的25%。Mazurkiewicz曾利用高压水射流粉碎密苏里原煤，其能耗仅为球磨机的50%，这表明水射流工艺在降低粉碎能耗方面有很大潜力可挖掘。

6.8 浮选效果分析

目前我国采用的选煤方法有跳汰选、重介选和浮选，其中浮选是适合粒度小于0.5mm煤的选煤方法[18]。试验中采用浮选方法对制备的超细水煤浆进行除灰与除硫。煤粉浮选是依据煤和矸石表面亲水性和疏水性的差异进行分选的，其实质是疏水的煤颗粒黏附在气泡上，亲水的矸石颗粒滞留在煤浆中，从而实现彼此分离。浮选的煤样分为水射流粉碎和球磨粉碎两组，在粒级相近、药剂种类与用量相同条件下，各取100g煤粉在搅拌槽内进行调和，然后送入机械搅拌式浮选机内进行浮选。利用捕收剂（柴油与水拌和的乳化液）提高煤颗粒物表面疏水性；起泡剂（仲辛醇）促使空气在矿浆中弥散，增加分选气液界面，并提高气泡在矿化和浮选过程中的机械强度；抑制剂提高煤中矿物质表面的亲水性，增大与煤可浮性的差异，在矿物表面形成亲水性薄膜，抑制其可浮性。浮选过程中，空气被矿浆的湍流运动粉碎为许多气泡，在矿浆中气泡与矿粒发生碰撞或接触，并按表面疏水性的差异决定矿粒是否在气泡表面附着。表面疏水性强的煤颗粒附着在气泡表面升浮至矿浆液面，刮出收集为精矿；表面亲水性强的矿物颗粒仍留在矿浆中，成为尾矿[19]。

表6-6给出了三组共6个大同煤的浮选试验的工艺条件与结果。其中，试验1和2为一组，水射流粉碎（试验1）的平均粒度为22.65μm，球磨粉碎（试验2）的平均粒度为20.86μm；两个试验所用的浮选药剂大致相当。由表可见，水射流粉碎的精煤产率要高于球磨工艺，其灰分与硫分含量要大大低于球磨工艺，表现为灰分低0.3%~1%，硫分低0.05%~0.14%。另两组试验有类似的结果。在试验中发现，同等条件下，球磨大同煤样浮选效果极差，即使在增加药剂量的情况下，经水射流粉碎的大同煤粉在除灰脱硫效果上也要优于球磨粉碎。其原因是，由于球磨机的反复研磨粉碎，颗粒的表面在反复的摩擦下，原有的矿物节理面的性质有了较大的改变，不同成分的颗粒的表面性质趋同。同时，反复的研磨会磨光颗粒表面的凸凹，从而减少了比表面积，使得矿物颗粒与浮选药剂的接触机会变小。这正是导致球磨机制备的超细煤粉比用水射流制备的粉体难选的原因。

表6-7给出了三组共6个赵各庄煤的浮选试验的工艺条件与结果。其中试验7和8、9和10、11和12同在一组。由表可见，各组试验的结果重复了表6-6中的结论，即水射流粉碎的精煤产率要高于球磨工艺，其灰分与硫分含量要大大低于球磨工艺。值得注意的是，赵各庄煤的仲辛醇药剂用量远小于大同煤，其精

煤产率大多高于大同煤，灰分与硫分指标相当，说明赵各庄的煤浮选效果较好。

表6-6 大同煤浮选结果

试验编号	粉碎方式	平均粒度/μm	浮选药剂用量			精煤产率/%	灰分/%	硫分/%
			仲辛醇/$g \cdot t^{-1}$	乳化液/$kg \cdot t^{-1}$	氧化钙/$kg \cdot t^{-1}$			
1	水射流	22.65	200	1.6	10	53.3	8.6	0.0932
2	球磨	20.86	250	3	10	45.6	9.6	0.2109
3	水射流	15.91	200	1.6	10	50.9	8.1	0.1752
4	球磨	16.95	250	3.3	10	41.5	8.7	0.2107
5	水射流	11.90	75	2	10	34.4	7.7	0.1279
6	球磨	12.18	75	2.4	10	39.8	8.0	0.1758

注：球磨煤样在同等条件下浮选效果极差，故增加其药剂用量。

表6-7 赵各庄煤浮选结果

试验编号	粉碎方式	平均粒度/μm	浮选药剂用量			精煤产率/%	灰分/%	硫分/%
			仲辛醇/$g \cdot t^{-1}$	乳化液/$kg \cdot t^{-1}$	氧化钙/$kg \cdot t^{-1}$			
7	水射流	20.10	25	1.28	10	68.4	12.5	0.5611
8	球磨	18.77	25	1.28	10	65.2	14.7	0.7415
9	水射流	15.96	25	1.28	10	51.5	10.7	0.7016
10	球磨	15.87	25	1.28	10	57.6	13.1	0.8222
11	水射流	14.66	25	1.28	10	47.3	9.8	0.7243
12	球磨	14.13	25	1.28	10	52.2	11.4	0.8168

表6-8给出了3个范各庄煤的浮选试验的工艺条件与结果。其中，第1个试验为水射流粉碎至平均粒度为7.71μm，第2个试验为水射流粉碎至平均粒度为54.77μm。两者的浮选药剂用量相同，平均粒度小的粉浆得到了更高的精煤产率，更低的灰分与硫分，说明水射流解理粉碎的煤粉，随粒度减小，比表面增大，因而得到了更好的浮选结果。第3个试验为用球磨工艺粉碎至平均粒度为49.99μm。3个试验浮选药剂用量相同，则水射流粉碎的产率均高于球磨工艺，同时灰分与硫分均低于球磨工艺。

表 6-8 范各庄煤浮选结果

粉碎方式	平均粒度 /μm	浮选药剂用量			精煤产率 /%	灰分 /%	硫分 /%
		仲辛醇 /g·t^{-1}	乳化液 /kg·t^{-1}	氧化钙 /kg·t^{-1}			
水射流	7.71	48	2.4	10	85.6	13.67	7.91
水射流	54.77	48	2.4	10	78.4	14.24	8.11
球磨	49.99	48	2.4	10	57.9	27.08	15.14

浮选后的煤粉经过燃烧观察发现，由高压水射流粉碎的大同煤精煤和尾煤呈现灰白色，球磨粉碎的大同煤精煤和尾煤呈现红褐色。这一事实说明了在用球磨机湿磨煤的过程中，由于铁质磨球和磨机筒壁的磨损，有一定量的铁进入到了细煤颗粒中，给煤粉体造成了污染。这种现象是由于煤在球磨机中长时间反复研磨造成的。

煤泥用水射流粉碎后的浮选效果明显好于煤泥的直接浮选，其原因主要有以下几点：

（1）高速的射流具有极强的穿透能力，可以通过煤泥颗粒中的大量裂隙和孔隙渗入到煤中不同组分的天然晶格界面。

（2）高速撞靶的过程中，受巨大的冲击力以及由于冲击造成的应力波等多种因素的作用，煤泥颗粒破碎成大小不等的更小的颗粒，煤中的杂质如黄铁矿、硅酸盐等都是以富积粒度从煤体中充分解离出来，与细煤颗粒混合在一起。

（3）这些大小不等的颗粒，其天然的表面形状得到了完好的保存，颗粒表面没有发生改性，其天然的浮选性质——亲水性、疏水性没有改变，这使得水射流粉碎后煤泥浮选除灰、除硫效果优于没有经粉碎而直接浮选的煤泥。

一般说来，煤在水中氧化比空气中剧烈得多，煤的浸泡时间对煤的可浮性有很大影响[18]。高压水射流粉碎煤在瞬间完成，粉碎在低温下进行，湿法生产，可更好地保护粒子的形状与表面，避免了研磨粉碎的氧化等破坏作用。而球磨机则需要数小时，由于长时间的研磨及水的长时间浸泡，使煤颗粒经历了温度增加的过程，进一步加剧了煤颗粒表面的氧化，降低了煤颗粒表面的疏水性，使球磨后的煤更难以浮选。

6.9 扫描电镜分析

煤的主要成分是有机质，同时含有少量的无机成分。无机成分包括矿物质及与有机物相结合的金属、非金属元素和化合物。无机成分主要以矿物的形式存在，煤燃烧后，绝大部分矿物质进入煤灰中。由于高压水射流的粉碎特点，煤在水射流粉碎作用下的破碎形式为脆性拉伸破坏，根据材料破坏的 Griffith 理论，材料首先在裂纹、微孔等应力高度集中处断裂，而煤岩显微组分和矿物质单个颗粒的结合部位恰恰是应力最集中的地方。由于水射流粉碎可使煤样粒度达微米级，这与煤岩显微组分和矿物质单个颗粒的粒度分布相当，故有利于煤的有机显微组分和无机矿物组分的有效解离以及后续的浮选过程。

为了证实这个观点，作者将范各庄的原煤、球磨粉碎与水射流粉碎后细煤粉进行了扫描电镜（SEM）分析。图6－15(a)为作为原煤的范各庄煤泥的SEM图片。由图可见，煤颗粒的表面附着了大量的杂质灰尘。图6－15(b)为在500放大倍数下经球磨粉碎的0～0.074mm煤颗粒的SEM图片。由图可见，球磨机粉碎的煤颗粒发生了很大的塑性变形，在钢球的反复砸压下，煤颗粒基本呈扁平状，在摩擦的作用下，颗粒的边缘成圆形，颗粒之间有一定粘接，颗粒的表面无任何光泽。图6－15(c)为在500放大倍数下水射流粉碎的0～0.074mm煤颗粒的SEM图片。由图可见，煤颗粒表面的节理面清晰可见，表面比较光滑洁净，颗粒边缘有一定棱角，颗粒呈不规则的块状，之间无粘接。图6－15(d)为在1000放大倍数下水射流粉碎的0～0.074mm煤颗粒的SEM图片。由图可见，表面凹凸不平更加明显，具有更大的比表面积；同时，颗粒的表面光洁。与图6－15(b)中球磨

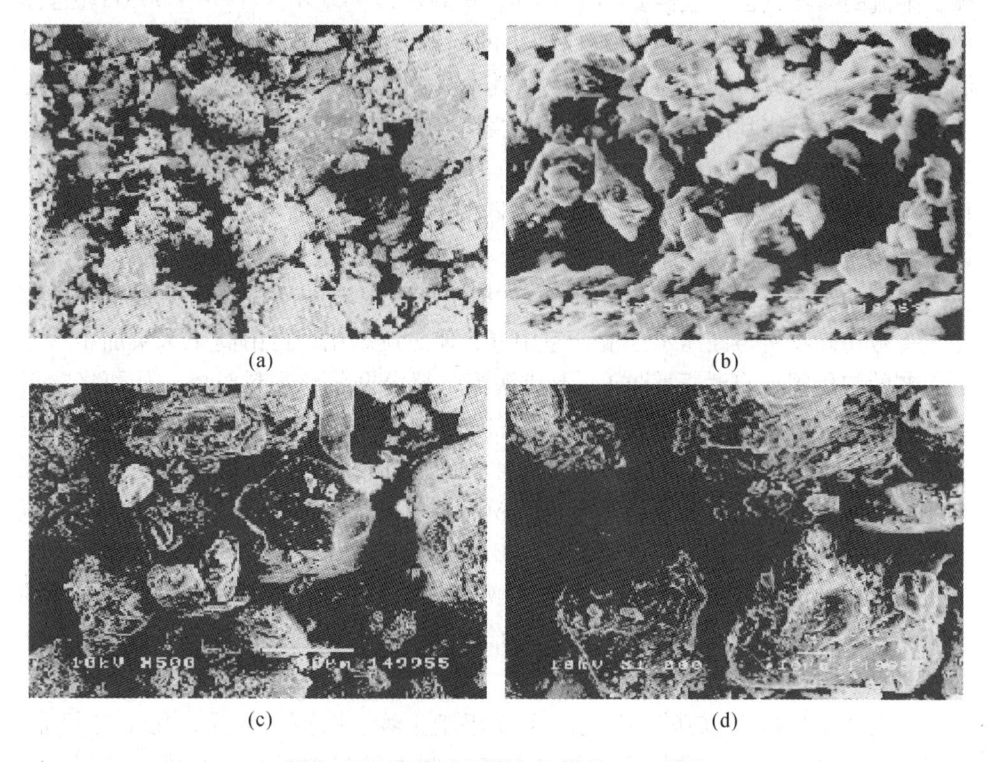

图6－15　赵各庄原煤与细煤粉SEM照片

(a) 原煤SEM照片；(b) 球磨粉碎后SEM照片；

(c) 水射流粉碎后SEM照片一；(d) 水射流粉碎后SEM照片二

粉碎的颗粒相比，水射流粉碎的颗粒之间无相互连接，颗粒表面很少黏附有杂质，可以明显看出水射流的解理和冲洗作用。

6.10　水射流纳米粉碎技术

6.10.1　研究现状

由于水射流的节理粉碎特点，利用超高压水射流制备纳米级粉体将会得到具有奇异性能的新材料，因此西方发达国家多年来一直在进行着此项研究。所谓超高压水射流，是指射流压力为100MPa以上的水射流。在超高压下，水射流将具有极高的能量，展现出非同寻常的能力，如切割高强度钢材、复合陶瓷材料等。将超高压水射流用于材料粉碎时，可以将材料破碎至超微（定义为≤5μm的粉体）或纳米级粉体。超高压水射流制备纳米粉体是国际上最为先进的纳米粉体制备技术之一。

然而，利用超高压水射流制备纳米粉体也遇到了不少的问题。制备纳米粉体，射流的喷嘴直径一般需要小于1mm，进料粒度要求不大于10～30μm。这样使得喷嘴的磨损与堵塞成为了难以解决的问题，另外对物料的硬度也提出了限制。再者，由于原料的颗粒已经很小，其本身惯性亦小，撞击靶物已不能产生需要的粉碎，故只能利用空化射流与自激振动射流的原理，使物料在高频振荡与剪切作用下发生粉碎，即所谓“均质”或“均化”。这样，就对自激振荡器的设计提出了更高的要求。即要求对自激振荡器的结构进行全面考虑，选取结构参数，以使其产生需要的振荡频率。

日本的纳诺公司（Nanomizer Inc.）推出了水射流纳米机产品，其粉碎原理是先将被粉碎物料与高压水在混合室中混合使之流态化，再由高压水泵加压后通过特制的匀化阀（自激振荡器），形成涡流、超声振荡及物料对撞，从而将物料高度乳化、分散及破碎。水射流纳米机的进料粒度应不大于30μm，物料硬度应小于HV1000，产品粒度应小于100nm且呈正态分布。根据不同物料的黏度、混合比、材料性质、粒度要求，纳米机的粉碎过程由微计算机自动控制。用水射流纳米机进行的二氧化钛粉碎试验，在100MPa粉碎压力下，经水射流5次粉碎后的二氧化钛超微颗粒，根据由原子力显微镜拍得的照片的直观观察与扫描电镜的分析结果：二氧化钛超微颗粒大部分分布在100nm的范围内。目前，该水射流纳米机的最大流量达到了0.2m^3/h。

水射流纳米机（高压均质机）主要用于生物、医药、食品、化工等行业，用以进行细胞破碎、饮品均质、精细化工，制备纳料混悬剂、微乳、乳剂、染料、太阳能板涂层以及导电涂层等产品。国外有许多公司均推出了商业化产品，如德国AVP、美国PhD、加拿大ATS等。国内一些公司亦有相应的商业化产品，如廊坊盛通机械有限公司 JJ 系列均质机。

水射流纳米机的不足之处，是对原料的硬度及进料粒度的限制比较严格，只能破碎 30μm 以下低硬度材料。为了制备更小粒级的煤颗粒，下面介绍利用盛通机械有限公司与日本纳诺公司合作生产的 PEL－20 水射流纳米粉碎机，对大同煤进行的超微粉碎试验。

6.10.2 制备超微水煤浆试验

水射流纳米机的核心部件是射流的自激振荡器，从本质是说，就是在高速射流束的边界条件发生突然变化时，诱发产生的流体自激振动与空化现象。最常见的自激振荡器是流动通道中的空腔结构，即亥姆霍兹谐振器。将亥姆霍兹谐振器进行组合或变形，就会产生不同频率的振荡或多频谱成分的耦合振荡。在水射流纳米机振荡头设计中，大多采用了变形或组合的亥姆霍兹谐振器的结构。

图 6－16 为常见的 3 种均质机振荡头的结构。其中，图 6－16(a)为空蚀喷嘴型，在超高压力下，物料混合液经过孔径很小的阀芯时会产生几倍于声速的速度，并在与阀芯内部结构发生的激烈的摩擦与碰撞、突然进入空腔后产生的空化与自激振动的综合作用下发生粉碎。图 6－16(b)为碰撞阀体型，通过碰撞阀与碰撞结构的引入，使物料混合液射入空腔后，通过其流道的急剧改变发生摩擦与空化效应，导致颗粒粉碎。图 6－16(c)为对射型，将射流通道设计成对撞形式后，物料混合液进入较小的通道形成摩擦剪切，导致物料粉碎。

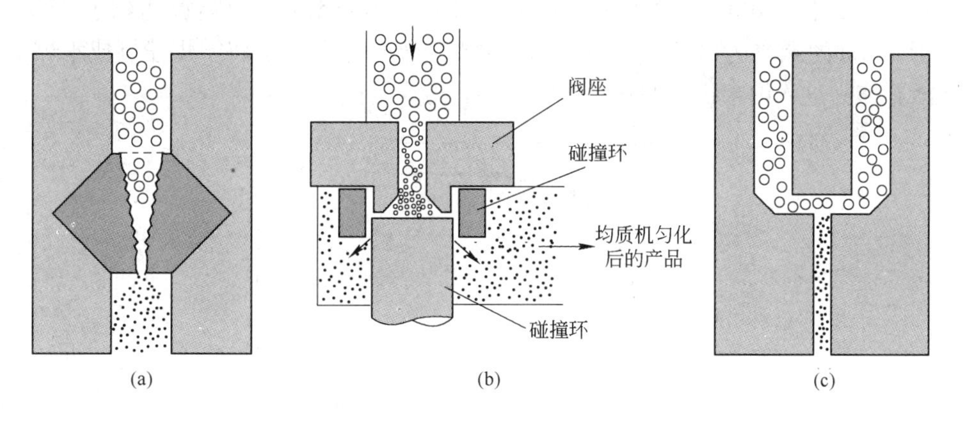

图 6－16 均质机振荡头的结构原理图

(a) 空蚀喷嘴型；(b) 碰撞阀体型；(c) 对射型

图 6－17 为 PEL－20 水射流纳米机（高压均质机）的结构原理图。其中，图 6－17(a)为水射流纳米机的工作原理图，物料混合液由柱塞泵加压至设定压力后，通过振荡发生器而发生粉碎；图 6－17(b)为振荡发生器的原理图，振荡发生器实际上是一个亥姆霍兹谐振器，由物料和水组成的两相流体在谐振器中发

生自激振动与空化效应，由细小的喷嘴形成高速射流并再次喷入空腔，形成空化与剪切摩擦作用，在这些作用的综合效应下，物料发生匀化与粉碎。PEL－20 水射流纳米机的额定工作压力为 140MPa，处理量为 5L/h，输入功率为 1.5kW；自激振荡发生器的参数为：上喷嘴直径 0.12mm，下喷嘴直径 0.15mm；试验煤样为 －30μm 的大同煤。

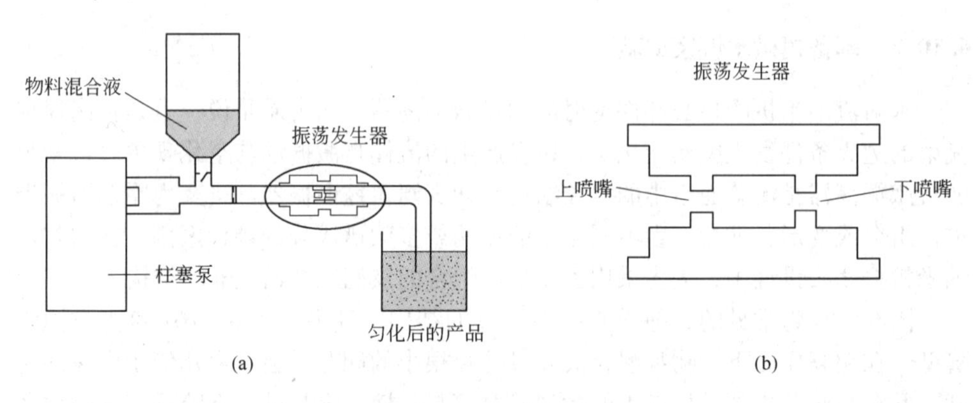

图 6－17　PEL－20 水射流纳米机结构原理图

（a）工作原理图；（b）振荡发生器原理图

图 6－18 是平均粒度为 20.86μm 的大同原煤的粒度分布曲线。由图可见，其粒度分布曲线的峰值为 24.0μm，即在 －24.0μm 的分布频数更高。由累积粒度分布可见，小于 100μm 的颗粒达到了 98.5%；小于 50μm 的颗粒达到了 86%；小于 25μm 的颗粒达到了 70.0%。按 30% 煤、70% 水的比例将干煤粉制成水煤浆液体，作为进入纳米机的原料。

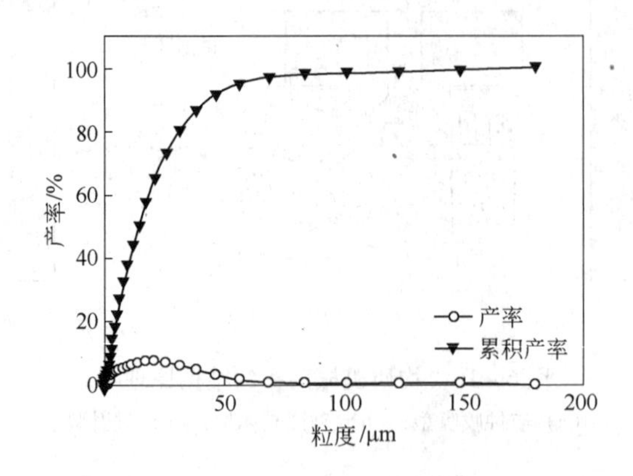

图 6－18　大同原煤的粒度分布

图 6－19 为用 PEL－20 纳米机粉碎煤粒，在 140MPa 的压力下，一道次和两道次粉碎的粒度分布曲线。图 6－19(a)是一道次粉碎的粒度分布与累积粒度分

布曲线，通过一道次粉碎，纳米机将平均粒度 20.86μm 的大同原煤粒粉碎为平均粒度 10.04μm 的水煤浆。由粒度分布曲线可知，分布的峰值在 10.0μm 附近；由累积粒度分布曲线可知，小于 40μm 的颗粒占了 99.0%。图 6－19(b)是两道次粉碎的粒度分布与累积粒度分布曲线，通过两道次粉碎，纳米机将平均粒度为 20.86μm 的大同原煤粒粉碎为平均粒度 9.0μm 的水煤浆。

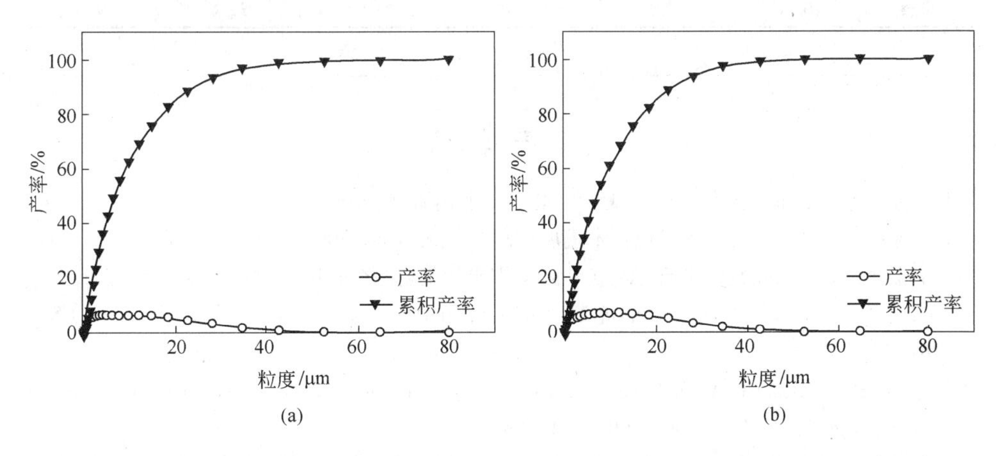

图 6－19 大同煤用纳米机匀化后的粒度分布（射流压力 140MPa）

（a）一道次粉碎（泵压力 0.2MPa，浓度 30%）；（b）两道次粉碎（泵压力 0.2MPa，浓度 30%）

比较大同原煤的粒度分布（见图 6－18）与经纳米机匀化后水煤浆的粒度分布（见图 6－19），可知原煤颗粒基本被粉碎至 40μm 以下，20μm 以下颗粒由 46% 增加至 85% 左右。比较图 6－19(a)和图 6－19(b)可知，增加粉碎次数，粉碎效果不太明显，平均粒径仅降低 1.04μm。理论上，当粉的粒度变小时，进一步破碎需要增加粉碎能量，即提高射流的工作压力。同时，对于微细粉体，粉碎后的水煤浆中，颗粒间出现了团聚现象。为此，在 140MPa 的压力下只能将原煤颗粒粉碎为平均粒度 10μm 的水煤浆。通过改进谐振器的形式与结构，并进一步提高工作压力，加入一定分散剂，可以制备更小粒级的水煤浆体。

表 6－9 为大同煤经过水射流纳米机匀化至平均粒度 9μm 后再进行浮选的结果。为了进行比较，表中列出了利用实验室球磨机经 4h 研磨后的细煤（平均粒度为 20.86μm）在相当条件下进行浮选的结果。由表可见，经纳米机匀化的煤的精煤产率为 42.9%，高于球磨细煤的 35.6% 的产率；纳米机匀化的煤的灰分为 7.6%，也低于球磨煤的灰分 9.6%。试验结果表明，用水射流纳米机制备超洁净、超细水煤浆是一项可行、有良好前景的技术；对自激振动射流理论的研究以及水射流粉碎技术的开发，有可能发展出工业化的水射流制备精细水煤浆的技术装备。

表6-9 大同煤经水射流纳米机匀化后浮选结果

粉碎方式	平均粒度 /μm	浮选药剂用量			精煤产率 /%	灰分 /%
		仲辛醇 /g·t⁻¹	乳化液 /kg·t⁻¹	氧化钙 /kg·t⁻¹		
水射流	9.00	200	1.6	10	42.9	7.6
球磨	20.86	250	2.4	10	35.6	9.6

参考文献

[1] 姚强，等. 洁净煤技术 [M]. 北京：化学工业出版社，2005.

[2] 王连勇，蔡九菊，等. 煤代油技术进展 [J]. 中国冶金，2005 (8)：45~48.

[3] 王金玲，等. 水煤浆技术研究现状 [J]. 煤炭加工与综合利用，2005 (3)：28~31.

[4] 冯武军，王恒，等. 水煤浆的能源优势及应用前景 [J]. 煤炭科学技术，2004 (5)：70~73.

[5] Spears D A，Booth C A. The composition of size – fractionated pulverized coal and the trace element associations [J]. Fuel，2002，84：683~690.

[6] 谢建忠. 用气流磨对几种煤的超细磨试验 [J]. 煤炭加工与综合利用，1999 (4)：31~33.

[7] Aktas Z，Woodburn E T. The effect of non – ionic reagent absorption on the froth structure and flotation performance of tow rank British coal [J]. Power Technology，1995，83：149~158.

[8] Cilliers J J，Bradshaw D J. The flotation of fine pyrite using colloidal gas aphrons [J]. Minerals Engineering，1996，9 (2)：235~241.

[9] Tao D，Luttrell G H，Yoon R H. An experimental investigation on column flotation circuit configuration [J]. International Journal of Mineral Processing，2000，60：37~46.

[10] 江山. 高压水射流粉碎颗粒机理和技术的研究 [R]. 北京科技大学博士后工作报告，1996.

[11] 沈忠厚. 水射流理论与技术 [M]. 北京：石油大学出版社，1998.

[12] 孙家骏. 水射流切割技术 [M]. 徐州：中国矿业大学出版社，1992.

[13] 赵庆国，张明贤. 水力旋流器分离技术 [M]. 北京：化学工业出版社，2003.

[14] 郝临山. 水煤浆制备与应用技术 [M]. 北京：煤炭工业出版社，2003.

[15] 董平，等. 先进的水煤浆技术是现实可靠的“以煤代油”技术 [J]. 选煤技术，2002 (6)：1~4.

[16] 郑水林，祖占良. 中国超细粉碎技术与设备现状 [J]. 中国非金属矿工业导刊，1999 (5)：17~19.

[17] 宫伟力，方湄，等. 水射流粉碎技术在永磁铁氧体生产中的应用 [J]. 有色金属（国内选矿部分），1999 (2)：21~26.

[18] 吴大为. 浮游选煤技术 [M]. 徐州：中国矿业大学出版社，2004.

[19] 谢广元. 选矿学 [M]. 徐州：中国矿业大学出版社，2001.

7 自激振动频率的研究

由前面的章节可以看到，无论是自振式水射流超细粉碎机，还是超高压水射流纳米机，其核心技术都是如何将连续的射流调制为非连续、脉动式射流。尽管设计的调制装置有许多种形式，但其基础都是亥姆霍兹谐振器。作为本书的最后一章，这里专门讨论亥姆霍兹自激振动频率的问题，以作为水射流粉碎机或高压均质机设计的基础。

7.1 自激振荡的原理

1979 年 Thomes Morel 在风洞实验中，发现当气体通过亥姆霍兹腔室时，压力、速度都发生较大的脉动。1982 年 V. E. Johnson 等人结合流体瞬变流理论和上述这种流体现象，提出了一种采用声频谐振器（如风琴管谐振器、亥姆霍兹谐振器）来作为喷嘴发生装置的新思想，从而诞生了一种新型射流，即自激振动（或称自激振荡）（self-resonance）射流。

自激振动射流所采用的谐振器无需活动部件，结构简单，易于实现；而射流具有较高的周期性压力振荡，可以利用水声学原理使剪切层分离成环状涡环，即让流体介质先通过各种类型的无源声谐振荡器，在其内产生自激振动，以便能够调制淹没射流，产生分离涡环，或者从管系动力学角度出发，改变喷嘴出入口形状，寻找一种理想的管系尾部反馈机构，以便能使喷嘴出口处的压力反馈回来，从而使管与流体产生流固耦合谐振，来调制淹没射流，加强压力振荡。

就脉冲射流而言，无论是挤压式脉冲射流，还是阻断式脉冲射流，所形成的脉冲射流都具有单发水滴的形式。而由自激振动形成的脉冲射流，由于振荡频率很高，除去所形成的压力是脉动式的冲击压力与上述脉冲射流相同之外，自激振动所形成的脉冲射流并不具有明显的单发脉冲形式。对于空化射流，由自激振动所产生的空化射流是由谐振器将连续射流断续的涡环流，在振荡腔内产生一个脉动的压力场，借助于旋涡中的低压区来产生空化。与绕流型和剪切型的空化射流相比较，由自激振动所形成的大结构的断续涡环流具有明显的不连续性质，即脉冲性质。

因此从本质上来说，由自激振动所产生的射流是一种具有空化性质的脉冲射流，即当稳定的流体通过风琴管谐振器或亥姆霍兹谐振腔，所产生的压力扰动与谐振腔的频率匹配时，这个压力扰动就将得到放大，从而在谐振腔内产生流体声谐共振，形成驻波，使射流变成断续的涡环流。这种具有一定频率的断续的涡环流，既具有脉冲射流的非连续性特征，又由于涡环流的非连续性与中心的低压区而产生空化。因此，自激振动射流又称作“自激脉冲空化水射流”[1,2]。D. A. Summers 认为自激振动脉冲射流与自激振动空化射流都具有类似的断续涡环流结构[3]，两种射流的机理是相似的。

在自激振动过程中，形成脉冲射流或空化射流的基本条件是压力扰动的频率与谐振腔的固有频率相匹配，从而使流体产生声谐共振。因此可以说，当具备上述条件时，就会产生空化或脉冲射流，即离散的具有一定频率的涡环流。由于这种射流的本质是空化，也就是说在液体不连续的地方存在着大量的空泡，射流的压力具有按一定的频率脉动的性质，因此可以把由自激振动而产生的射流称作“自激振动（脉冲）空化射流”或“自激振动空化射流”。本章将在圆管内的非恒定流动与亥姆霍兹谐振器固有频率的研究的基础上，给出自振射流喷嘴装置的数学模型，以期在模型的实用性与准确程度上有所提高。

自激振动法是一种比较先进的调制方法，其基本原理是利用流体的瞬变流动特性，设计合适的流动系统，使得流体中产生某频率的稳态振荡。这与电学中电感电容振荡回路相似。用亥姆霍兹振荡腔组成的自激振荡发生装置如图 7 – 1 所示。高压水通过上喷嘴产生射流进入谐振腔之后，由于真实流体的黏性作用，其将与周围的流体发生动量交换。虽然交界面的速度是连续的，但在附近存在一个速度极高的区域（射流剪切层）。在此区域内，流体因剪切流动而产生旋涡[4]。由于流场轴对称的缘故，涡流以涡环的形式产生并向下游运动。射流剪切层内的有序轴对称扰动（如上述涡环）与下游喷嘴的内边缘碰撞时会产生一定频率的压力扰动波，该压力扰动波以声速向上游反射至敏感的剪切层初始分离区，在此区域内引起新的涡量脉动。

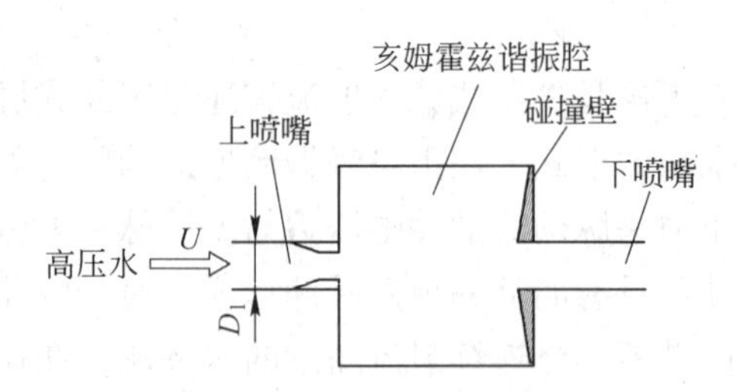

图 7 – 1　自激振荡发生装置

自激振荡的过程可用图 7 – 2 所示的框图来表示。剪切层的内在不稳定性对扰动具有放大作用，但是，这种放大是有选择性的，仅对一定频率范围内的扰动起放大作用。如果扰动的频率与亥姆霍兹谐振器的固有频率接近，则该扰动将在剪切层分离区和碰撞区之间的射流剪切层内得以放大。经过放大的扰动波向下游运动，再次与碰撞壁碰撞，又重复上述过程，如此循环不止。碰撞产生的压力扰动波的逆向传播实际上是一种信号反馈现象。因此上述过程构成了一个信号发生、反馈、放大的封闭回路，从而导致剪切层大幅度地振动，甚至波及射流核心，在腔内形成了一个脉动压力场。使得射流速度呈现宏观上的变动。由于这种振动是在不加任何外界控制和激励的条件下产生的，故称之为自激振动。

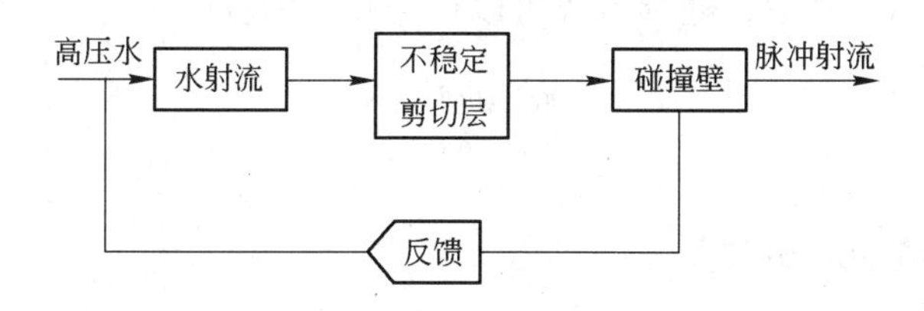

图 7－2　自激振荡的过程（物理模型）

7.2　圆管内的非恒定流动

7.2.1　非恒定流动连续性方程

对于密度为 ρ、速度为 $\boldsymbol{v}$ 的流体，连续性方程可以表示为：

$$\frac{\partial \rho}{\partial t} + \nabla \cdot (\rho \boldsymbol{v}) = 0 \tag{7-1}$$

为了推导不定常管流的连续性方程，在管内选取某一个固定的管段作为控制体，研究流体流经该控制体时的质量变化情况。如图 7－3 所示，在截面积为 A 的管道中，考虑一个长度为 Δx 的管段作为控制体，入流截面为 x，出流截面为 $x + \Delta x$，显然此时 x 与时间 t 无关。

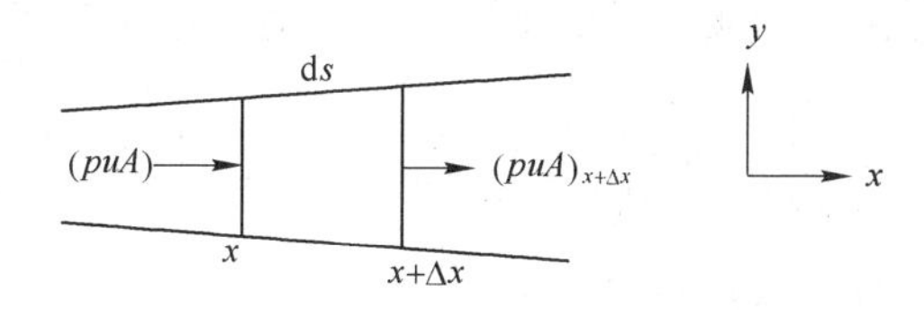

图 7－3　圆管中的控制体

对于圆管中的流动，设 $u_y = u_z = 0$，且有 $u_x = u$，若认为流体运动时，由于管壁弹性，管的横截面积可以变化，即 $A = A(x, t)$，而管的纵向长度是不变的，则上述控制体长度 Δx 不随时间 t 而变，由式（7－1）可写出弹性管的连续性方

程为:

$$\frac{\partial\rho A}{\partial t}+\frac{\partial\rho Au}{\partial x}=0 \tag{7-2}$$

对于不可压缩性流体，ρ = 常数，则连续方程（7-2）可以写为:

$$\frac{\partial A}{\partial t}+\frac{\partial uA}{\partial x}=0 \tag{7-3}$$

对于等截面管，A = 常数，连续方程可以进一步写为:

$$\frac{\partial\rho}{\partial t}+\frac{\partial\rho u}{\partial x}=0 \tag{7-4}$$

7.2.2　非恒定流动运动方程

对于不可压缩流体的等温运动，$\nabla\cdot\boldsymbol{v}=0$，且黏度系数 μ = 常数，这时流体的运动方程（N-S方程）为:

$$\rho\frac{\mathrm{D}\boldsymbol{v}}{\mathrm{D}t}=-\nabla p+\rho\boldsymbol{g}+\mu\nabla^2\boldsymbol{v} \tag{7-5}$$

式中，$\mathrm{D}/\mathrm{D}t$ 为质点导数，$\mathrm{D}/\mathrm{D}t=\partial/\partial t+(\boldsymbol{v}\cdot\nabla)$；$\nabla p$ 为压力梯度；$\rho\boldsymbol{g}$ 是单位体积所受的质量力；$\mu\nabla^2\boldsymbol{v}$ 为流体的黏性变形应力，与流体的黏性系数和应变率张量有关。

对于圆管中的流动，$u_y=u_z=0$，$u_x=u=u(x)$，则圆管中的摩擦阻力项 $\mu\nabla^2\boldsymbol{v}$ 可表示为:

$$\mu\nabla^2\boldsymbol{v}=-\frac{\tau_0}{\rho}\frac{4}{D}\frac{\boldsymbol{u}}{|u|} \tag{7-6}$$

式中，τ_0为管壁单位面积上的摩擦力；D 为水力直径，$D=\frac{4A}{l}$，l 为圆管横截面的周长。在忽略流体微团的质量力的情况下，运动方程（7-5）可以写成:

$$\frac{\partial u}{\partial t}+u\frac{\partial u}{\partial x}=-\frac{1}{\rho}\frac{\partial p}{\partial x}-\frac{\tau_0}{\rho}\frac{4}{D}\frac{\boldsymbol{u}}{|u|} \tag{7-7}$$

对于理想流体，$\tau_0=0$，则运动方程为:

$$\frac{\partial u}{\partial t}+u\frac{\partial u}{\partial x}=-\frac{1}{\rho}\frac{\partial p}{\partial x} \tag{7-8}$$

7.2.3　非恒定流动方程的线性化

以上已求出理想流体的连续方程（7-2）与N-S方程（7-8）。首先对连续方程（7－2）进行线性化。弹性管中总的扰动波传播速度为：

$$c_*^2 = \frac{1}{\frac{1}{a^2} + \frac{1}{c_0^2}} \tag{7-9}$$

式中，a 为水中声速，$a = \mathrm{d}p/\mathrm{d}\rho$，表征了流体压缩性对扰动波传播速度的影响；$c_0$ 为弹性管壁波速，$c_0^2 = A\mathrm{d}p/(\rho \mathrm{d}A)$，表征了管壁弹性对扰动波传播速度的影响。

由于：

$$\frac{\partial \rho A}{\partial t} = \frac{A}{c_*^2} \frac{\partial p}{\partial t} \tag{7-10}$$

于是连续方程（7－2）可以变形为：

$$\frac{A}{c_*^2} \frac{\partial p}{\partial t} + \frac{\partial q}{\partial x} = 0 \tag{7-11}$$

式中，q 为质量流量，$q = \rho A u$。

将式（7－11）在长度为 L 的小管段上积分有：

$$\int_0^L \frac{A}{c_*^2} \frac{\partial p}{\partial t} \mathrm{d}x = -\int_0^L \frac{\partial q}{\partial x} \mathrm{d}x = [q]_0 - [q]_L \tag{7-12}$$

令 $q_c = \int_0^L \frac{A}{c_*^2} \frac{\partial p}{\partial t} \mathrm{d}x$，则有 $[q]_0 = [q]_L + q_c$。由此可见，上述连续方程恰好表征了质量守恒定律。若管段长度 L 十分短，可近似认为 $\frac{A}{c_*^2} \frac{\partial p}{\partial t}$ 为常数，于是有：

$$q_c = \int_0^L \frac{A}{c_*^2} \frac{\partial p}{\partial t} \mathrm{d}x = \frac{A}{c_*^2} \frac{\partial p}{\partial t} L \tag{7-13}$$

将长度为 L 的管段的液容定义为：

$$C_L = \frac{q_c}{\frac{\partial p}{\partial t}} = \frac{A}{c_*^2} \cdot L \tag{7-14}$$

则单位管长的液容为：

$$C = \frac{A}{c_*^2} \tag{7-15}$$

于是连续性方程（7－11）最后可以写为：

$$C \frac{\partial p}{\partial t} = -\frac{\partial q}{\partial x} \tag{7-16}$$

由式（7 -9）与式（7 - 14）可知，当不可压缩流体在弹性管内流动时，$a >> c_0$，即 $c_* = c_0$，则单位管长的液容为：

$$C = \frac{A}{c_0^2} \tag{7-17}$$

同理，当考虑可压缩流体在刚性管中流动时，有 $c_* = a$，于是：

$$C = \frac{A}{a^2} \tag{7-18}$$

下面对运动方程进行线性化。以 ρA 乘以运动方程（7 - 8）的两边，以 u 乘以连续方程（7 -2）的两边，然后两式相加可得：

$$\frac{\partial q}{\partial t} + \frac{\partial qu}{\partial x} = -A\frac{\partial p}{\partial x} \tag{7-19}$$

取 L 为管段的特征长度，u 为特征速度，T 为特征时间，则方程（7 - 19）左边两项的比值为：

$$\frac{\partial qu/\partial x}{\partial q/\partial t} = O\left(\frac{u}{L/T}\right) \tag{7-20}$$

式中，$O\left(\frac{u}{L/T}\right)$表示是关于$\frac{u}{L/T}$的无穷小。

若流体运动速度 u 远小于压力传播速度 L/T，在方程（7 - 19）中可略去非线性的迁移加速度项，则方程（7 -19）可线性化为：

$$l\frac{\partial q}{\partial t} = -\frac{\partial p}{\partial x} \tag{7-21}$$

式中，$l = 1/A$。

对式（7 -21）在管段 L 上进行积分，由于 L 很短，因此可以认为 $l\partial q/\partial t$ 在 L 内分布是均匀的，于是可得：

$$l\frac{\partial q}{\partial t}L = \int_0^L l\frac{\partial q}{\partial t} = -\int_0^L \frac{\partial p}{\partial x} = [p]_0 - [p]_L = \Delta p \tag{7-22}$$

定义管段 L 的液感为：

$$\frac{\Delta p}{\partial q/\partial t} = l \cdot L = \frac{L}{A} \tag{7-23}$$

则单位管长的流感为：

$$l = \frac{1}{A} \tag{7-24}$$

至此，得到理想流体一元不定常管流的线性化方程组为：

$$C\frac{\partial p}{\partial t}=-\frac{\partial q}{\partial x}\quad（连续方程）\tag{7-25}$$

$$l\frac{\partial q}{\partial t}=-\frac{\partial p}{\partial x}\quad（运动方程）\tag{7-26}$$

式中，$C=A/c_*^2$，$l=1/A$，分别表示单位管长的液容与液感。

在管内流动是层流的状态下，根据 Hagen-Poiseuille 关系，单位管长的摩擦力可以表示为：

$$\tau_0=\frac{4\mu}{r}u=\frac{4\mu}{r}\frac{q}{\rho A}\tag{7-27}$$

将式（7－27）代入运动方程（7－7）并经变形后可得：

$$\frac{1}{A}\left(\frac{\partial q}{\partial t}+\frac{\partial qu}{\partial x}\right)=-\frac{\partial p}{\partial x}-\frac{8\pi\mu}{\rho A^2}q\tag{7-28}$$

同样，当流体速度远小于扰动波速度，即当$\frac{L/T}{u}>>1$时，上式左边可略去非线性的迁移加速度项$\partial\rho u/\partial x$，则运动方程（7－28）可线性化为：

$$\frac{1}{A}\frac{\partial q}{\partial t}=-\frac{\partial p}{\partial x}-\frac{8\pi\mu}{\rho A^2}q\tag{7-29}$$

因此，对于层流流动，一元非恒定管流的线性化方程一般可写为：

$$\frac{\partial q}{\partial x}+C\frac{\partial p}{\partial t}=0\quad（连续方程）\tag{7-30}$$

$$\frac{\partial p}{\partial x}+l\frac{\partial q}{\partial t}+Rq=0\quad（运动方程）\tag{7-31}$$

式中，R 为液阻，定义为：

$$R=\frac{8\pi\mu}{\rho A^2}\tag{7-32}$$

7.2.4 非恒流基本方程的频域形式

若 $p=p(x,t)$，$q=q(x,t)$，记拉普拉斯变换 $P(x,s)=L[p(x,t)]$，$Q(x,s)=L[q(x,t)]$。给定初始条件：

$$q(x,0)=0,\ p(x,0)=0\tag{7-33}$$

对一元非恒定管流的线性化连续方程（7－30）与线性化运动方程（7－31）施

以拉普拉斯变换可得：

$$\begin{cases}\dfrac{\partial P(x,s)}{\partial x}+(ls+R)Q(x,s)=0\\[2mm]\dfrac{\partial Q(x,s)}{\partial x}+CsP(x,s)=0\end{cases}\tag{7-34}$$

对于理想流体，液阻 $R=0$，则经拉普拉斯变换后的连续方程与运动方程（7－34）可以简化为：

$$\begin{cases}\dfrac{\partial P(x,s)}{\partial x}+lsQ(x,s)=0\\[2mm]\dfrac{\partial Q(x,s)}{\partial x}+CsP(x,s)=0\end{cases}\tag{7-35}$$

对于均匀管路，$A=$常数。则简化后的连续方程与运动方程的频域形式可进一步写为：

$$\begin{cases}\dfrac{\partial^2 P}{\partial x^2}-lCs^2P=0\\[2mm]\dfrac{\partial^2 Q}{\partial x^2}-lCs^2Q=0\end{cases}\tag{7-36}$$

7.3 非恒定管流基本方程的解

7.3.1 流体阻抗

设流体流过某一过流元件时的流量为 q，压力降为 Δp，则过流元件液阻可定义为：

$$R=\frac{\Delta p}{q}\tag{7-37}$$

由流体压缩性或管壁弹性表征出来的流容与由流动的不定常性表征出来的流感，在流体管系中将表现出来流体的阻抗特性。管路中的液容定义为：

$$C=\frac{q_{c}}{\mathrm{d}p/\mathrm{d}t}\tag{7-38}$$

对式（7－38）取拉普拉斯变换后，得液容的频域表达式为：

$$C=\frac{Q_{C}}{sp}\tag{7-39}$$

由液容的频域表达式（7－39），可定义容抗为：

$$Z_c^* = \frac{p}{Q_c} = \frac{1}{sC} \tag{7-40}$$

与电路中的电感类似，液流通道中的流感定义为：

$$l = \frac{\Delta p}{\mathrm{d}q/\mathrm{d}t} \tag{7-41}$$

对流感的表达式（7－41）取拉普拉斯变换后，得 $l = P/sQ$，由此感抗可定义为：

$$Z_1 = \frac{P}{Q} = ls \tag{7-42}$$

若以 $s = j\omega = 2\pi fj$（f 为频率）代入容抗表达式（7－40）与感抗表达式（7－42），可将容抗与感抗的频域表达式进一步写成频率 f 的函数：

$$Z_c^* = \frac{1}{2\pi fjC},\ Z_1 = 2\pi fjl \tag{7-43}$$

式中，$j = -1$。

7.3.2 用阻抗表示的非恒定管流基本方程的解

方程组（7－35）为理想流体（液阻 $R = 0$），非定常管流，经拉普拉斯变换后的连续方程与运动方程，其通解为：

$$\begin{cases} P(x,s) = A_1 e^{-rx} + A_2 e^{rx} \\ Q(x,s) = \dfrac{A_1}{Z_c} e^{-rx} + \dfrac{A_2}{Z_c} e^{rx} \end{cases} \tag{7-44}$$

式中，r 为管路的传播因子，$r = s/c_*$；Z_c 为管路的特性阻抗，$Z_c = c_*/A$。

方程组（7－44）的边界条件为：

$$x = 0,\ P = P_1,\ Q = Q_1 \tag{7-45}$$

应用边界条件求解方程组（7－44）中的待定系数 A_1 和 A_2，于是由式（7－44）表示的连续方程与运动方程的频域形式可写为：

$$\begin{cases} P(s,x) = P_1 \operatorname{ch} \dfrac{sx}{c_*} - Z_c Q_1 \operatorname{sh} \dfrac{sx}{c_*} \\ Q(x,s) = -\dfrac{P_1}{Z_c} \operatorname{sh} \dfrac{sx}{c_*} + Q_1 \operatorname{ch} \dfrac{sx}{c_*} \end{cases} \tag{7-46}$$

将在管路终端（$x = L$）处的压力与流量记为：

$$x = L,\ P = P_2,\ Q = Q_2 \tag{7-47}$$

则由式（7－46）可得管段终端状态用始端状态表示出的关系式为：

$$\begin{cases} P_2 = P_1 \operatorname{ch} \dfrac{sL}{c_*} - Z_c Q_1 \operatorname{sh} \dfrac{sL}{c_*} \\ Q_2 = -\dfrac{P_1}{Z_c} \operatorname{sh} \dfrac{sL}{c_*} + Q_1 \operatorname{ch} \dfrac{sL}{c_*} \end{cases} \tag{7-48}$$

将 $s = j\omega$ 代入上式并经化简，可将连续方程与运动方程的频域形式进一步写为：

$$\begin{cases} P_2 = P_1 \cos \dfrac{\omega L}{c_*} - Z_c Q_1 j\sin \dfrac{\omega L}{c_*} \\ Q_2 = -\dfrac{P_1}{Z_c} j\sin \dfrac{\omega L}{c_*} + Q_1 \cos \dfrac{\omega L}{c_*} \end{cases} \tag{7-49}$$

或者

$$\begin{cases} P_1 = P_2 \cos \dfrac{\omega L}{c_*} + Q_2 Z_c j\sin \dfrac{\omega L}{c_*} \\ Q_1 = \dfrac{P_2}{Z_c} j\sin \dfrac{\omega L}{c_*} + Q_2 \cos \dfrac{\omega L}{c_*} \end{cases} \tag{7-50}$$

由于流体阻抗定义为 $Z = P/Q$，则由式（7－50）可求得管段始端流体阻抗 Z_1 用管段终端流体阻抗 Z_2 表达的关系式为：

$$Z_1 = \frac{P_1}{Q_1} = \frac{P_2 \cos \dfrac{\omega L}{c_*} + Q_2 Z_c j\sin \dfrac{\omega L}{c_*}}{\dfrac{P_2}{Z_c} j\sin \dfrac{\omega L}{c_*} + Q_2 \cos \dfrac{\omega L}{c_*}} \tag{7-51}$$

即

$$Z_1 = \frac{Z_2 + Z_c j\tan \dfrac{\omega L}{c_*}}{-Z_2 \tan \dfrac{\omega L}{c_*} + Z_c} Z_c \tag{7-52}$$

或者由式（7－49）可求得管段终端流体阻抗 Z_2 用始端流体阻抗 Z_1 表达的关系式为：

$$Z_2 = \frac{Z_1 - Z_c j\tan \dfrac{\omega L}{c_*}}{-Z_1 j\tan \dfrac{\omega L}{c_*} + Z_c} Z_c \tag{7-53}$$

7.4 亥姆霍兹谐振器的固有频率

7.4.1 谐振器的频率特性

典型的自激振动射流喷头结构如图 7 - 4 所示。喷头由直径为 D_1、圆柱段长度为 L_1 的上喷嘴，直径为 D_2、长度为 L_2 的亥姆霍兹谐振腔，空气/磨料进口和下喷嘴组成。研究表明[5]，上喷嘴直管段的长度与直径，以及谐振腔的长度与直径，决定了亥姆霍兹谐振器的固有频率。因为按第 3 章第 2 节所介绍的自激振动的原理，自激振动是由上喷嘴中喷出的高速水射流在谐振腔中形成压力波动并得到放大而形成的。事实上，上喷嘴的圆柱段的几何尺寸对其形成的内流场具有重要影响。很自然，其流动特性对进入振荡腔后形成的涡环流具有重要的影响。

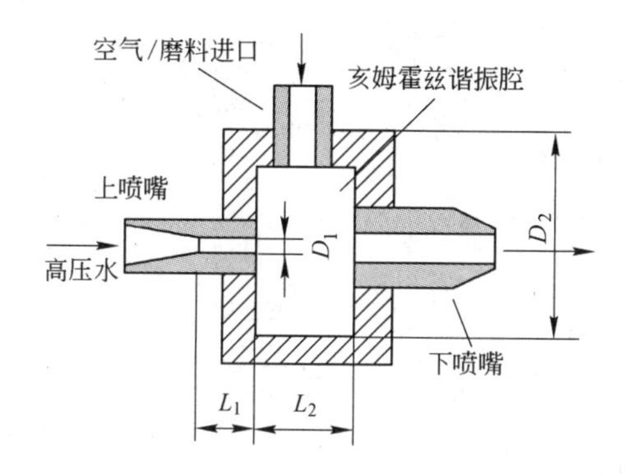

图 7 - 4 自振射流喷头结构图

对应于图 7 - 4 的结构中的关键参数，考虑上喷嘴长度的亥姆霍兹谐振腔的物理模型如图 7 - 5 所示。图中的直管段表示上喷嘴，其长度为 L_1，直径为 D_1，特性阻抗为 Z_{c1}，始端和终端阻抗分别为 Z_1 和 Z_2。亥姆霍兹谐振腔的长度为 L_2，直径为 D_2，特性阻抗为 Z_{c2}，始端和终端阻抗分别为 Z_3 和 Z_4。对于直管段，根据管段始端流体阻抗用管段终端流体阻抗表达的关系式（7 - 52）可得：

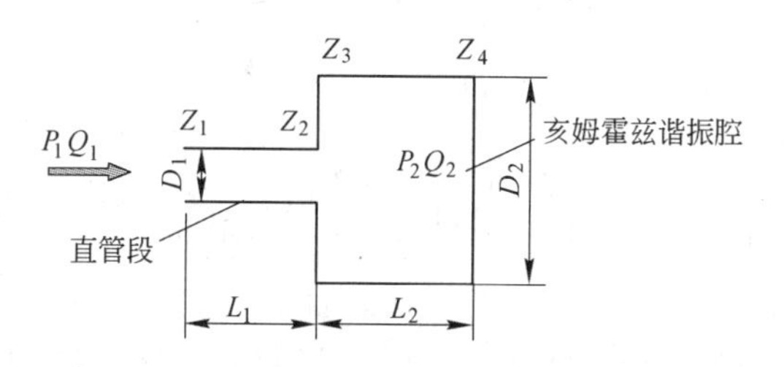

图 7 - 5 考虑上喷嘴长度的亥姆霍兹谐振腔的物理模型

$$Z_1 = \frac{Z_2 + jZ_{c1}\tan\dfrac{\omega L_1}{c_*}}{jZ_2\tan\dfrac{\omega L_1}{c_*} + Z_{c1}} Z_{c1} \tag{7-54}$$

同理对亥姆霍兹谐振腔应用式（7－52）有：

$$Z_3 = \frac{Z_4 + jZ_{c2}\tan\dfrac{\omega L_2}{c_*}}{jZ_4\tan\dfrac{\omega L_2}{c_*} + Z_{c2}} Z_{c2} \tag{7-55}$$

由亥姆霍兹谐振器所组成的管路系统的谐振条件为：

$$Z_1 = 0,\ Z_4 = \infty \tag{7-56}$$

将谐振条件代入式（7－54）可得：

$$Z_2 = -jZ_{c1}\tan\frac{\omega L_1}{c_*} \tag{7-57}$$

将谐振条件代入（7－55）可得：

$$Z_3 = \frac{Z_{c2}}{j\tan\dfrac{\omega L_2}{c_*}} \tag{7-58}$$

由于 $Z_2 = Z_3$，于是有：

$$\tan\frac{\omega L_1}{c_*}\tan\frac{\omega L_2}{c_*} = \frac{Z_{c2}}{Z_{c1}} \tag{7-59}$$

设上喷嘴的直管段与亥姆霍兹谐振腔的断面积分别为 A_1 和 A_2，于是有 $Z_{c1} = c_*/A_1$，$Z_{c2} = c_*/A_2$，且有 $\omega = 2\pi f$，将这些关系代入式（7－59）并经整理后可得到关于亥姆霍兹谐振器的固有频率 f 的方程式为：

$$\tan\frac{2\pi f L_1}{c_*}\tan\frac{2\pi f L_2}{c_*} = \frac{A_1}{A_2} \tag{7-60}$$

或者

$$\tan\frac{2\pi f L_1}{c_*}\tan\frac{2\pi f L_2}{c_*} = \left(\frac{D_1}{D_2}\right)^2 \tag{7-60a}$$

式中，D_1 和 D_2 分别为水喷嘴直径与振荡腔直径。

从自动控制理论的角度来说[6,7]，若一个系统的频带宽，则表明系统复现快速变化的信号能力强，失真小，这意味着系统的快速性能好，阶跃响应的上升时间和调节时间短。反之，频带窄，则系统反应迟钝，失真大，快速性能差。一般来说，较高的固有频率对应着较高的频带。对于亥姆霍兹谐振器而言，应当尽量提高系统的固有频率，使其能够快速地复现在自振过程中所产生的压力扰动信号，从而得到较大的压力振荡幅度。

由式（7－60）可以得到如下关系：

$$\frac{\partial f}{\partial L_1}<0,\frac{\partial f}{\partial A_1}>0 \quad 与 \quad \frac{\partial f}{\partial L_2}<0,\frac{\partial f}{\partial V_2}<0 \tag{7-61}$$

式中，$V_2 = L_2A_2$。

式（7－61）说明，亥姆霍兹谐振器的固有频率 f 随着上喷嘴直管段长度 L_1 的增加而降低，随着直管段的面积 A_1 的增大而提高。这也就是说，上喷嘴直管段长度的增加将增大流体的阻力，从而导致固有频率的下降；直管段面积与水射流的流量成正比，则流量的增加将提高固有频率。由式（7－61）还可以知道，亥姆霍兹谐振器的固有频率 f 随腔室长度 L_2 的增加而降低，随腔室体积 V_2 的增大而降低。

对于圆柱形腔室的固有频率，还可以做进一步的理论分析，如图7－6所示。设直管段的始、终端阻抗分别为 Z_1 和 Z_2，产生谐振时有 $Z_1=0$，将流体由压缩性在管段终端形成的体积增大简化为一个集中参数，即体积为 V_2 的液容，则管段终端阻抗等于所形成的容抗，即 $Z_2 = Z_c^*$。将 $Z_1=0$ 代入直管段阻抗表达式（7－53）可得：

$$Z_2 = -jZ_c\tan\frac{\omega L}{c_*} \tag{7-62}$$

式中，Z_c 为直管段特性阻抗，$Z_c = c_*/A_1$。

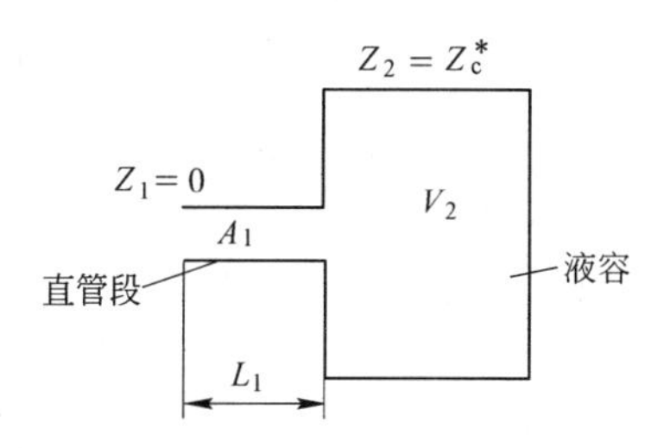

图7－6 亥姆霍兹谐振腔集中参数模型

亥姆霍兹谐振腔的液容为 $C_H = V_2/c_*^2$，V_2 为亥姆霍兹谐振腔的容积，由式（7－40）得振荡腔的容抗为：

$$Z_c^* = \frac{1}{sC_H} = \frac{c_*^2}{j\omega V_2} = Z_2 \tag{7-63}$$

将式（7－63）与 $Z_c = c_* / A_1$ 代入式（7－62）并经整理后得亥姆霍兹谐振腔的固有频率所满足的方程为：

$$\tan\frac{2\pi f L_1}{c_*} = \frac{A_1 \cdot c_*}{2\pi f V_2} \tag{7-64}$$

当直管段的长度很短，即 L_1 很小时，有：

$$\tan\frac{2\pi f L_1}{c_*} \approx \frac{2\pi f \cdot L_1}{c_*} \tag{7-65}$$

代入式（7－64）并经整理后可得亥姆霍兹谐振腔固有频率 f 的表达式为：

$$f = \frac{c_*}{2\pi}\sqrt{\frac{A_1}{L_1 V_2}} \tag{7-66}$$

由式（7－66）可知，振荡腔的固有频率与直管段的面积成正比，与直管段的长度成反比，与腔室的体积成反比。

7.4.2 谐振器固有频率的表达式

由式（7－66）得到的结论与由式（7－61）得到的结论是类似的。两者不同之处是，式（7－66）没有给出亥姆霍兹谐振腔固有频率 f 同振荡腔长度的关系，即振荡腔长度在式（7－66）中不是独立变数。对水射流技术中的自振喷嘴所采用的亥姆霍兹谐振器的研究结果表明，其振荡腔长度、振荡腔直径以及直管段长度均为同一数量级[8]。因此，在自振射流技术中所采用的亥姆霍兹谐振器的固有频率应由式（7－60）或式（7－60a）给出。

对式（7－60）或式（7－60a）进行数值求解，即可求得在自激振动射流技术中采用的亥姆霍兹谐振器的固有频率。然而，在式（7－60）中，固有频率 f 无法用显函数的形式表示出来，从而给工程实际应用带来了不便。由于自激振动射流是一个本质非线性系统，因而难以为其建立一个精确的数学模型。下面给出自振射流亥姆霍兹谐振器固有频率的一个近似计算公式，以为谐振器结构的设计提供一个理论依据。

由于 L_1 与 L_2 为同一数量级，且同声速 c_* 相比均为小量，于是有：

$$\tan\frac{2\pi f L_1}{c_*}\tan\frac{2\pi f L_2}{c_*} = \left(\frac{2\pi f}{c_*}\right)^2 L_1 L_2 \tag{7-67}$$

将式（7－67）代入式（7－60a）并经整理即得：

$$f = \frac{c_*}{2\pi}\frac{D_1}{D_2}\sqrt{\frac{1}{L_1 L_2}} \tag{7-68}$$

水喷嘴直径 D_1 与水喷嘴直管段长度 L_1 的比值 $\lambda = L_1/D_1$，一般有 $\lambda = 2 \sim 4$，将此关系代入式（7－68）并经整理后可以得出关于在自激振动射流技术中所采用的亥姆霍兹谐振器的固有频率 f 的方程为：

$$f = \frac{c_*}{2\pi\sqrt{\lambda}D_2}\sqrt{\frac{D_1}{L_2}} \tag{7-69}$$

式中，c_* 为声速；D_1、D_2 分别为水喷嘴直径和振荡腔直径；L_2 为振荡腔长度。

在已有文献［9］中提出的亥姆霍兹谐振器的固有频率的数学推导过程，是将谐振腔作为一个集中参数来处理，并假设谐振腔的长度远小于其截面直径。由这种假设所得到的亥姆霍兹谐振器的固有频率的近似计算公式为：

$$f = \frac{c_*}{2\pi D_2}\sqrt{\frac{D_1}{L_2}} \tag{7-70}$$

这种假设对于某些主要由直管段组成的测压元件体积较小的腔室所形成的谐振情况是正确的。而许多研究结果表明，在自激振动射流中所采用的亥姆霍兹谐振腔的腔长与腔室直径为同一数量级，但谐振腔的体积要远远大于由水喷嘴直管段所组成的体积。因此，在文献［9］的假设基础上得到的谐振器固有频率的表达式（7－70）只能给出自振射流亥姆霍兹谐振器固有频率计算的一个粗略近似的结果。

本章在推导自振射流亥姆霍兹谐振器的固有频率时，将亥姆霍兹谐振腔与水射流喷嘴分别作为了两个容腔来处理，这种假设与工程中实际应用的自振射流喷嘴的结构相一致，因此得到的谐振腔的固有频率数值计算模型（7－60）具有更高的准确性；由式（7－60）经简化后可以得到与式（7－70）相似的谐振器固有频率的计算式（7－69）。在式（7－69）中，由于考虑了水喷嘴直管段形状的影响，多了一个修正系数 $\sqrt{\lambda}$，因此可以看作是对式（7－70）的修正，但其比式（7－70）具有更高的预测精度。

7.5 自振射流亥姆霍兹谐振器的数学模型

7.5.1 斯特劳哈尔数与谐振器固有频率

自激振动的基本原理是基于流体力学和水声学。由亥姆霍兹谐振器构成的自振射流形成的原理如图 7－7 所示。当流体通过这种类型的谐振腔时，在出口断面处产生压力扰动波，这种压力扰动波一方面以极高的速度（水中声速）反射到射流入口端，另一方面引起射流束的波动。当反馈的扰动与入口处射流的涡量脉动有合适的相位以及激振频率与射流本身固有频率相匹配时，就会形成大幅度脉动，使射流变成离散的涡环流，从而形成自流振动气蚀（脉冲）射流[9]。

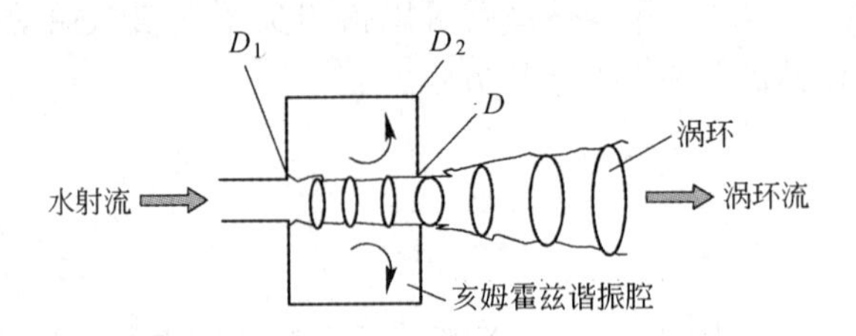

图 7－7　自激空化（脉冲）射流原理

由此可见，在自振气蚀射流的形成过程中，射流结构转化为断续的涡环流是形成自振气蚀射流的关键。射流结构转化为离散的涡环流时的频率与斯特劳哈尔数、亥姆霍兹谐振腔的固有频率、雷诺数以及喷嘴装置的物理特性等密切相关。斯特劳哈尔数是非恒定力相似准数，为相对于局部加速度的惯性力与相对于迁移加速度的惯性力之比。在自振射流中，斯特劳哈尔数可以表示为分离旋涡的主导频率 f、射流速度 u 与喷嘴装置的特征尺寸（如喷嘴直径、谐振腔长）之比。

当喷嘴装置的特征尺寸用喷嘴直径 D_1 表示时，斯特劳哈尔数可以表示为：

$$Sr = \frac{fD_1}{u} \tag{7-71}$$

式中，u 为射流速度。固有频率 f 与斯特劳哈尔数 Sr 是自振射流喷嘴装置的最重要的两个参数。固有频率的近似表达式由式（7－69）给出，而能够产生自激振动空化（脉冲）射流的斯特劳哈尔数一般由实验得到。

将式（7－71）改写为：

$$f = \frac{Sru}{D_1} \tag{7-72}$$

再将式（7－72）与亥姆霍兹谐振器的固有频率近似表达式（7－69）联立，可以得到：

$$\frac{Sru}{D_1} = \frac{c_*}{2\pi\sqrt{\lambda}D_2}\sqrt{\frac{D_1}{L_2}} \tag{7-73}$$

已知马赫数为 $Ma = u/c_*$，代入式（7－73）并经整理后可得用马赫数表示的亥姆霍兹谐振器的斯特劳哈尔数 Sr 的表达式为：

$$\frac{D_2}{D_1} = \frac{1}{2\pi\sqrt{\lambda}SrMa}\sqrt{\frac{D_1}{L_2}} \tag{7-74}$$

式中，λ 为常数，一般 $\lambda = 2 \sim 4$；L_2 为振荡腔长度；D_1 为水喷嘴直径；D_2 为振荡腔直径。

就亥姆霍兹谐振器的数学模型而言，国内外许多学者进行了大量的研究工作。对于自振射流谐振器固有频率和结构参数的求取，一种是采用数值解法，以期得到较为精确的结果；另一种是给出解析式，先对自振射流喷嘴装置的结构参数进行预估计，再结合实验进行结构设计。

限于目前理论的研究水平与相关学科的发展水平，人们还无法给这种自振射流喷嘴装置建立起较为精确的数学模型，上面所说的建立数学模型的方法，无论是数值解法还是给出解析关系，都是在对压力扰动的形式等条件做出某种假设，以及在产生谐振条件下的斯特劳哈尔数与马赫数等进行实验研究的基础上给出的，均属于一种半经验的数学模型。

建立自振射流喷嘴装置数学模型的方法，首先是求出谐振器的固有频率 f 的表达式，这在上一节中已经得到了解决；其次是求出谐振腔内产生的压力扰动频率 f_1 的表达式，当压力扰动的频率与谐振器的固有频率相匹配时，压力扰动将被大大地放大，从而产生谐振，使射流变成断续的涡环流，从而产生自振空化（脉冲）射流。因此，自激振动射流喷嘴装置形成空化（脉冲）射流的条件可以表示为：

$$f \approx f_1 \tag{7-75}$$

要求出谐振腔内的压力扰动频率 f_1，需首先给出谐振腔内的压力扰动的数学表达式，这就要涉及水声学、涡动力学，需要对谐振腔内流场的波涡相伴而生的涡动力学机制，即对各种多尺度不稳定的线性和非线性的相干作用、流场中的声谐力控制等问题进行研究。目前的理论研究水平虽不能精确地做到这一点，但在对其做出某种假设并结合实验研究的基础上所得到的结果，在工程上仍具有十分重要的应用价值。

7.5.2 基于水声学的亥姆霍兹谐振器的数学模型

下面将根据水声学理论给出谐振腔内流体所产生的压力扰动的预估计模式，进而给出亥姆霍兹谐振器的数学模型。将亥姆霍兹谐振器振荡腔内的流场分成两部分，以剪切层边界，上部为外部流场，其特征是通过内部流体脉动或其固体壁面位移的变化来贮存能量，谐振器尾部剧烈的质量交换相当于一假活塞作用，不稳定剪切层与固体相互作用将诱发出压力脉冲信号。可以用一个声源来模拟这种压力脉冲信号发生源，假设剪切层初始区在 $-\varepsilon \leqslant x \leqslant +\varepsilon$ 受到一个声潜力 $\frac{A}{2\varepsilon}e^{-j\omega t}$ 的作用，如图 7-8 所示[5]。上游产生的初级压力扰动信号为 $p(x, y, t)$，该压

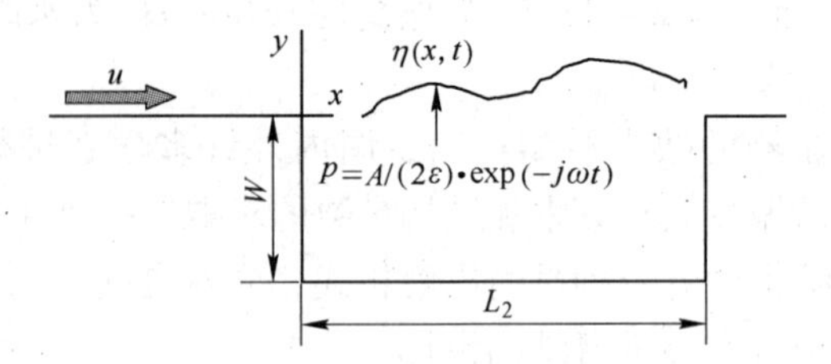

图 7－8　谐振腔内的流场模型

力波在外部和内部流场分别满足：

$$\nabla p_{+}^{2}=\left(\frac{1}{a_{+}^{2}}\right)\frac{\mathrm{d}^{2}p_{+}}{\mathrm{d}t^{2}}\quad (y>0) \tag{7-76}$$

$$\nabla p_{-}^{2}=\left(\frac{1}{a_{-}^{2}}\right)\frac{\partial^{2}p_{-}}{\partial t^{2}}\quad (y<0) \tag{7-77}$$

边界条件为：

$$\rho_{+}\cdot\frac{\mathrm{d}^{2}\eta}{\mathrm{d}t^{2}}=-\frac{\partial p_{+}}{\partial y}\quad (y\to 0_{+})$$

$$\rho_{-}\cdot\frac{\mathrm{d}^{2}\eta}{\mathrm{d}t^{2}}=-\frac{\partial p_{-}}{\partial y}\quad (y\to 0_{-})$$

$$p_{+}(x,0,t)=p_{-}(x,0,t)\quad (y=0)$$

$$\left.\frac{\partial p_{-}}{\partial y}\right|_{y=-W}=0$$

式中，$\eta(x,\ t)$ 为剪切层位移函数；W 为槽深。

经过拉普拉斯－傅里叶变换可以得到：

$$[\exp(-2\mu-W)+1][\exp(-2\mu-W)-1]^{-1}=\mathrm{cth}(\mu_{-}W)$$
$$=[\rho_{+}\cdot s_{+}^{2}\cdot\hat{\eta}/u_{+}+jA(\Omega-\omega)^{-1}](-s_{-}^{2}\cdot\rho_{-}\cdot\hat{\eta}/\mu_{-})^{-1} \tag{7-78}$$

其中

$$s_{+}=-j(\Omega-Ku)\quad s_{-}=-j\Omega$$

$$\mu_{+}=\frac{s_{+}^{2}}{a_{+}^{2}}+K^{2}\quad \mu_{-}=\frac{s_{-}^{2}}{a_{-}^{2}}+K^{2}$$

式中，Ω 和 K 分别为拉普拉斯变换量和傅里叶变换量。

于是经拉普拉斯－傅里叶变换后的剪切层位移函数 $\hat{\eta}$ 为：

$$\hat{\eta}=jA\{(\Omega-\omega)[\rho_{+}\cdot s_{+}^{2}/\mu_{+}+\rho_{-}\cdot s_{-}^{2}\cdot\mathrm{cth}(\mu_{-}W)/\mu_{-}]\}^{-1} \tag{7-79}$$

求出式（7－79）的逆变换，就可以得到剪切层位移函数 $\eta(x, t)$，但其逆变换相当复杂，这里仅考虑放大的扰动压力波，其形式为：

$$\eta(x,t) = \exp K_i \cdot x \cdot \exp(K_r x - \omega t + \theta) \tag{7-80}$$

式中，θ 为剪切层滞后声谐力的相位。

为了得到 $x=0$ 处压力波的相位，可采用二维声源来模拟振荡器尾部压力脉冲信号发生源，因此建立起一个等阶声源系统，静止介质中二维声源的速度势为[9]：

$$\Phi = B\exp(-j\omega t) H_0^{(1)}\left(\frac{\omega}{a_-}\|\boldsymbol{\gamma} - \boldsymbol{\gamma}_0\|\right) \tag{7-81}$$

式中，$H_0^{(1)}$ 为第一类零阶 Hankel 函数。

利用镜像法建立起来的声源系统的速度势为：

$$\Phi = B\exp(-j\omega t)\sum_{m=0}^{l}\sum_{n=-\infty}^{+\infty} H_0^{(1)}\left\{\frac{\omega}{a_-}[(x-(2n+1))^2 + (y+2mW)^2]^{\frac{1}{2}}\right\} \tag{7-82}$$

压力场为：

$$p = \rho j\omega\Phi \tag{7-83}$$

因此谐振器内剪切层始端 $x=0$ 处的压力满足：

$$p_0 = 2j\omega\rho_- B\exp(-j\omega t)\sum_{m=0}^{l}\sum_{n=-\infty}^{+\infty} H_0^{(1)}\left\{S_2\left[(2n+1)^2 + \left(\frac{2m}{\frac{L}{W}}\right)^2\right]^{\frac{1}{2}}\right\} \tag{7-84}$$

式中，$S_2 = \omega\dfrac{L_2}{a_-}$。

为简单起见，这里仅考虑 $x=L$，$y=0$ 处的声源，则压力场为：

$$p_0 = 2j\omega\rho_- B\exp(-j\omega t) H_0^{(1)}(S_2) \tag{7-85}$$

谐振器尾部的质量交换率 m 为：

$$m \propto -\eta(L_2, t) \tag{7-86}$$

故有

$$p_0 \propto \exp[j(K_r L_2 - \omega t + \theta + \pi)] H_0^{(1)}(S_2) \tag{7-87}$$

从数学角度可知，$H_0^{(1)}(S_2)$的相位为 $-\dfrac{\pi}{4} + S_2$，如果剪切层始端压力 p_0 与声谐力

$\frac{A}{2\varepsilon}\exp(-j\omega t)$ 同相位，则能产生自激振动，于是有：

$$-\frac{\pi}{4}+S_2+K_rL_2+\theta-\pi=2n\pi-\omega t \tag{7-88}$$

式中，n 为模态数。

简化式（7－88）可得：

$$\frac{K_rL_2}{2\pi}L\frac{f_1}{a_-}=n-\frac{3}{8}-\frac{\theta}{2\pi} \tag{7-89}$$

式中，f_1 为谐振腔内的压力扰动的频率。

令 K 为涡旋运动因子，于是有：

$$K=\frac{f\lambda}{u}=\frac{\lambda/2\pi\cdot 2\pi f_1}{u}=\frac{\omega}{uK_r} \tag{7-90}$$

将式（7－90）代入式（7－89）并经推导可得：

$$\frac{f\lambda}{u}=\left(n-\frac{3}{8}-\frac{\theta}{2\pi}\right)K(MaK+1)^{-1} \tag{7-91}$$

与 f_1 相应的斯特劳哈尔数为：

$$Sr'=\frac{f_1D_1}{u} \tag{7-92}$$

将式（7－92）代入式（7－91）可以得到：

$$\frac{L_2}{D_1}=\left(n-\frac{3}{8}-\frac{\theta}{2\pi}\right)K[(MaK+1)Sr]^{-1} \tag{7-93}$$

由亥姆霍兹谐振器产生谐振的条件式（7－75）可知，当 $f=f_1$ 时，在谐振腔内产生的压力扰动将得到进一步放大，从而会进一步增大压力脉动的幅度。在上一节中已求得由亥姆霍兹谐振器固有频率表示的谐振腔长度与直径的关系式(7－74)，在 $Sr=Sr'$ 的条件下，联立式（7－74）与式（7－93），即可得到基于水声学的自振射流亥姆霍兹谐振器的数学模型为：

$$\begin{cases}\frac{D_2}{D_1}=\frac{1}{2\pi\sqrt{\lambda}SrMa}\sqrt{\frac{D_1}{L_2}}\\ \frac{L_2}{D_1}=\left(n-\frac{3}{8}-\frac{\theta}{2\pi}\right)K[(MaK+1)Sr]^{-1}\end{cases} \tag{7-94}$$

式中，Sr 为斯特劳哈尔数，$Sr=0.2\sim0.1$；Ma 为马赫数，$Ma\leqslant0.1$；$K=0.57\sim0.66$；n 为模态数。

7.5.3 基于分离涡环假设的谐振器模型

围绕射流剪切层的相干结构，近年来人们进行了广泛的研究，主要研究不同模态的压力扰动信号在射流剪切层内的衰减、增益，以及它们之间的线性、非线性耦合问题。为了从理论上来评估这种射流流场的动态特性，目前较常用的一种方法是用分离状涡环来代替射流剪切层。下面基于这种假设给出亥姆霍兹谐振器的数学模型。

亥姆霍兹谐振器的固有频率 f 已在上面求出，谐振腔内的流场情况如图 7-8 所示。形成信号放大的最重要的环节是扰动从撞击区向自由剪切层近分离区的逆向传播。反过来，这种逆向反射扰动一旦到达剪切层近分离区，便引起涡量脉动，而涡量脉动又从剪切层返回，并得以放大。这样，最终在撞击区产生周期性扰动。谐振腔入口与出口的相互干涉必须有一个正确的相位关系，这点是很重要的。由此得出，谐振腔能够放大腔内存在的压力扰动的频率一定是离散的[8]。

设在空腔入口与出口之间同时有 N 个涡环以传送速度 u 运动，传到空腔上游端面的压力扰动信号须逆向传播腔长 L_2 的距离，设传播速度为 c_*，则有：

$$\frac{f_1 L_2 \lambda}{c_*} = N\lambda - L_2 \tag{7-95}$$

式中，f_1 为谐振腔内压力扰动波的频率；λ 为压力波的波长。

由式（7-95）可导出谐振腔腔长的表达式为：

$$L_2 = \frac{N\lambda}{1 + \frac{f_1 \lambda}{c_*}} \tag{7-96}$$

已知波长 λ 可以表示为 $\lambda = \frac{u_c}{u}$；$f_1 = \frac{Sr' u}{D_1}$；马赫数 $Ma = \frac{u}{c_*}$。令 ψ 表示比值：

$$\psi = \frac{u_c}{u} \tag{7-97}$$

此时式（7-96）可以写为：

$$\frac{L_2}{D_1} = \frac{\psi N}{Sr'(1 + \psi Ma)} \tag{7-98}$$

在 $Sr = Sr'$ 的条件下，联立式（7-74）与式（7-98），即可得到基于分离涡环假设的自振射流亥姆霍兹谐振器的数学模型为：

$$\begin{cases}\dfrac{D_2}{D_1}=\dfrac{1}{2\pi\sqrt{\lambda}SrM}\sqrt{\dfrac{D_1}{L_2}}\\[2ex]\dfrac{L_2}{D_1}=\dfrac{\psi N}{Sr(1+\psi M)}\end{cases}\tag{7-99}$$

式中，$8.5\times10^{-3}\leqslant M\leqslant1.6\times10^{-2}$；$0.3\leqslant Sr\leqslant0.5$；$0.57<\psi<0.66$。

需要说明的是：自振射流亥姆霍兹谐振器的数学模型的提出，涉及了亥姆霍兹谐振器内的压力扰动波频率 f_1 的求取问题。由于 f_1 的求取涉及的理论范围较广，目前的研究水平对其机理尚不能完全了解清楚，因而必须在做出某种假设的基础上，辅之以实验，以得到一个比较满意的近似结果。因此，在自振射流亥姆霍兹谐振器的数学模型的推导过程中，参考了已有的实验数据与研究结果。虽然限于实验条件、时间以及作者水平等原因不能对其一一验证，但从推导过程与数据引用的合理性不难得到所提出的数学模型与已有的数学模型相比具有更好的近似程度的结论。

7.6　理论模型应用的要点

通过对圆管内非恒定流动的研究，得到了非恒定流动基本方程在频域上的表达式和用流体阻抗法表示的非恒定管流的基本方程的解；对亥姆霍兹谐振器的固有频率进行了研究，提出了自振射流亥姆霍兹谐振器的数值计算模型与近似计算公式；得到了自振射流亥姆霍兹谐振器的两种数学模型。在把这些模型应用到亥姆霍兹谐振器及自振磨料射流喷头的设计中时，有必要对其要点进行一些说明。

首先，应当尽量提高系统的固有频率，使其能够快速地复现在自振过程中所产生的压力扰动信号，从而得到较大的压力振荡幅度。其次，缩短水喷嘴直管段的长度与增大水喷嘴直径，可以提高亥姆霍兹谐振器的固有频率。第三，缩小振荡腔的体积与谐振腔的长度，也可以提高亥姆霍兹谐振器的固有频率。

由于在理论推导过程中，需要对 N－S 方程进行线性化。因此，无论是应用亥姆霍兹谐振器自激振动频率的数值解模型（7－60）与（7－60a），还是应用其近似计算式（7－68）或（7－69），得到的都是自振频率的近似解。这些近似解可以用来对自振射流喷头形成的振动的自然频率做出一个初步的估计。

同理，对于提出的两种自振射流亥姆霍兹谐振器的数学模型，包括基于水声学的自振射流亥姆霍兹谐振器的数学模型（7－94）和基于分离涡环（离散频率）假设的亥姆霍兹谐振器的数学模型（7－99），给出的同样是亥姆霍兹谐振器自激振动频率的近似解。给出的各参数值是参考了已有的研究给出的数据。由于这些参数的选择与实际问题的特定条件相关，因此在实际应用时，应根据所研究的问题的条件来选择。

非恒定流动问题远比恒定流动问题复杂。在大多数情况下，都将非恒定流动问题转化为恒定流动问题来处理。同时，求解非恒定流动问题需要较为深入的数学、力学理论作为基础，对于大多数非力学专业的研究人员或学生来说，这是一件比较困难的事情。本章详细地给出了求解瞬态流问题的理论分析与推导过程，无疑会为此类问题的研究提供了一个可以借鉴的思路。同时，得到亥姆霍兹谐振器的理论解有如下作用：（1）在自激振动射流中，作为谐振器设计的理论参考；（2）在数值模拟或实验研究过程中，提供了评价其结果的参考模型；（3）仔细研读本章的推导可知，所得到的理论模型包含了更多的实际喷射装置结构参数，适合在自激振动装置的设计中应用。

本书的主题是高压水射流超细粉碎技术，而非一本专门研究自激振动射流的著作。研究亥姆霍兹谐振器的目的，是给出对自激振动频率进行估计的理论模型，便于进行自激振动式水射流粉碎机、水射流纳米粉碎机（均质机）中谐振器的设计。同时，由于作者的学识所限，所以对自激振动射流中的许多问题尚未涉及。另外，对于本领域的一些前沿问题的研究进展，如射流流场的大尺度相干拟序性结构等，可以参考包括作者在内近年来发表的文献。

参考文献

[1] 廖振方，龚欣荣. 自激脉冲空化水射流喷嘴结构的正交实验研究 [J]. 高压水射流，1989 (3): 1 ~ 5.

[2] 唐川林，廖振方，等. 自激振动空化水射流的实验研究 [J]. 高压水射流，1988 (3): 14 ~ 19.

[3] Summers D A. Waterjetting Technology [M]. London: E & FN Spon, 1995.

[4] 廖振方，黄东胜. 自激振动射流喷嘴装置的研究 [J]. 高压水射流，1986 (4): 7 ~ 12.

[5] 沈忠厚. 水射流理论与技术 [M]. 北京：石油大学出版社，1998.

[6] 常春馨. 现代控制理论概论 [M]. 北京：机械工业出版社，1983.

[7] 李友善. 自动控制原理 [M]. 北京：国防工业出版社，1981.

[8] 萨米 S，安德逊 C. 调制射流的亥姆霍兹谐振腔 [J]. 高压水射流，1986 (1): 30 ~ 36.

[9] 唐川林，廖振方. 自振气蚀装置重要参数——斯特鲁哈数和固有频率的研究 [J]. 高压水射流，1988 (4): 10 ~ 17.

冶金工业出版社部分图书推荐